Optimale Führung mit dem Matching-Konzept

Susanne Wagner-Breukel

www.match-therapy.de

Haufe Gruppe
Freiburg · München

Bibliografische Information der Deutschen Nationalbibliothek

Die Deutsche Nationalbibliothek verzeichnet diese Publikation in der Deutschen Nationalbibliografie; detaillierte bibliografische Daten sind im Internet über http://www.d-nb.de abrufbar.

Print: ISBN 978-3-648-03043-1 Bestell-Nr. 01337-0001
ePub: ISBN 978-3-648-03044-8 Bestell-Nr. 01337-0100
ePDF: ISBN 978-3-648-03045-5 Bestell-Nr. 01337-0150

1. Auflage 2012

Redaktionsanschrift: Postfach, 82142 Planegg/München
Hausanschrift: Fraunhoferstraße 5, 82152 Planegg/München
Telefon: (089) 895 17-0,
Telefax: (089) 895 17-290
www.haufe.de
online@haufe.de
Produktmanagement: Ass. jur. Elvira Plitt
Lektorat: Gabriele Vogt

DTP: Agentur: Satz & Zeichen, Karin Lochmann, 83071 Stephanskirchen
Umschlag: kienle gestaltet, Stuttgart
Druck: Schätzl Druck, 86609 Donauwörth

Zur Herstellung dieses Buches wurde alterungsbeständiges Papier verwendet.

Inhaltsverzeichnis

Vorwort

Bevor ich mich als Coach selbständig machte, habe ich viele Jahre aktiv im Vertrieb gearbeitet und dabei viele Erfahrungen sammeln können. In dieser Zeit begegneten mir zahlreiche Kollegen und Führungskräfte, die häufig aneinander vorbeiredeten und dadurch Zielstellungen und Probleme oft nicht erfolgreich lösen konnten. Auf der Suche nach den Ursachen wurde mir durch die intensive Zusammenarbeit mit einem Hamburger Psychologenteam und den zahlreichen Weiterbildungsabteilungen meiner diversen Auftraggeber klar, dass sich viele Führungskräfte Führung autodidaktisch „beigebracht" haben und häufig dabei an ihre Grenzen gestoßen sind. Mitarbeiter fühlten sich von ihnen nicht richtig verstanden, schlechte Betriebsergebnisse waren oft das Endergebnis – von einem guten Unternehmensklima ganz zu schweigen. Häufig wurde ich dann als Coach gerufen mit der Bitte, alles möglichst schnell wieder zum Positiven zu verändern.

In Meetings und Konferenzen mit den betroffenen Personen fiel mir dabei immer wieder auf, dass die Kommunikation vorwurfsvoll, aggressiv und selten auf einer guten Wellenlänge erfolgte. Man warf sich gegenseitig Fehlverhalten vor und bekämpfte sich mit Schuldzuweisungen, was dazu führte, dass die Stimmung immer schlechter wurde. Die für das Unternehmen wichtigen Themen wurden nicht gelöst und Ärger und Missverständnisse blieben an der Tagesordnung.

1983 machte ich mich selbständig und beschloss, aktiv an der Lösung dieser Problematik zu arbeiten. Ich entwickelte im Team von Prof. Dr. Reimer Eggers und Hawe Breukel treffsichere Auswahlraster und Diagnosetools und beriet Firmen bei der praktischen Anwendung. Meine langjährigen Erfahrungen als Coach zahlreicher Wirtschaftsunternehmen und deren Personal unterschiedlicher Hierarchieebenen haben mich nun veranlasst, diese erprobten Coaching- und Führungsmethoden zu einem Buch zu verarbeiten, zumal mich meine Mandanten seit langem darum baten.

Dieses Workbook mit dem von mir entwickelten Matching-Konzept soll bei der benannten Führungsproblematik Abhilfe schaffen. Ziel des Buches ist es, neben vielen konkreten Hilfestellungen und pragmatisch anzuwendenden Führungsinstrumenten vor allem die Sprache zwischen Führungskraft und Mitarbeiter „passend" zu machen. Mitarbeiter und Führungskraft sollen sich besser verstehen, damit Erfolge verbindlich, konsequent und dabei teamorientiert erreicht werden können. Mitarbeiter, die so geführt werden, zeigen mehr Leistung, identifizieren sich besser und sind wesentlich erfolgreicher! Genau darum geht es mir in diesem Buch. Sie finden hier den magischen Schlüssel für eine optimale Kommunikation: bewusste Beobachtungsgabe kombiniert mit einer hohen kommunikativen sprachlichen Toleranz.

Das von mir entwickelte Matching-Konzept richtig angewandt hilft Führungskräften, die Wahrnehmung von Mitarbeitern „blitzschnell" gleich zu Beginn eines Gesprächs zu erkennen und die eigene Motivation oder Kritik so zu formulieren, dass Gesprächspartner sich verstanden und mitgenommen fühlen. Es funktioniert auf der Basis einer „Landkartensprache", die dazu führt, dass sich Gesprächspartner optimal in ihrer Kommunikation aufeinander einstellen können. Die Landkarte jedes Einzelnen steht für seine individuelle Sichtweise der Welt, die – wenn man nicht „Landkartentolerant" aufeinander zugeht – zu großen Missverständnissen und Konflikten führen kann. Das Matching-Konzept beschreibt die unterschiedlichen Landkarten von Menschen und liefert die optimale sprachliche Lösung. Durch viele leicht anzuwendende Beispiele wird die Menschenkenntnis von Sender und Empfänger vertieft und hilft Ihnen als Führungskraft und Leser dieses Buches, Unternehmensvorhaben über zielgerichtete sprachliche Kommunikation mit praxiserprobten Führungswerkzeugen konsequent zu erreichen.

Die Basis für meine Arbeit als Coach verdanke ich vor allem meinem 2006 verstorbenen Ehemann, Hawe Breukel. Er hat meine Sichtweisen, Kompetenz und Arbeit als Coach maßgeblich geprägt. Seine Erfahrungen und Kenntnisse über Führung und Motivation, sein unschlagbarer Humor haben viele Menschen begeistert und ihnen geholfen, ihren beruflichen Erfolg weiter auszubauen. Nach seinem Tod übernahm ich seine Projekte und konnte sie durch das von ihm übernommene Know-how, kombiniert mit der von mir entwickelten Kommunikationsmethode weiterführen.
Ebenfalls möchte ich Dipl.-Psych. Prof. Dr. Reimer Eggers von der Fachhochschule für Öffentliche Verwaltung sowie Thomas Rückerl und Jörn Ehrlich (V.I.E.L. Coaching und Training in Hamburg) erwähnen, durch deren Erfahrungen und psychologische Kompetenz meine Arbeit als Coach maßgeblich geprägt wurde. An dieser Stelle möchte ich meine Dankbarkeit ausdrücken, dass ich mit diesen Kollegen und Freunden eng zusammenar-

beiten durfte. Kombiniert mit meiner eigenen Erfahrung und Kreativität entstand anschließend das im Folgenden beschriebene Matching-Konzept.

Die Inhalte meines Buches sind modular zusammengestellt, damit man für „alle Fälle“ das richtige Werkzeug als Führungskraft hat. Der Leser beginnt zunächst bei seiner eigenen Landkarte und kann, wenn er offen dafür ist, durch das Ergebnis des Match-Tests in Kapitel I die eigene Wahrnehmung, individuelle Stärken und persönliche Wachstumsfelder erkennen. Eine Führungskraft ist dann eine gute Führungskraft, wenn sie offen für Feedback und die eigene Weiterentwicklung ist. Man hat als Führungskraft nie ausgelernt! Nur wer an der eigenen Entwicklung arbeitet, kann wachsen und ein gutes Modell für andere sein. Das Know-how und die Anwendung des Match-Tests kann aber auch für die Auswahl und Beurteilung von Mitarbeitern und deren gezielte Entwicklung genutzt werden.

Das Buch vertieft die Menschenkenntnis einer Führungskraft und liefert Lösungen für unterschiedliche problematische Führungssituationen Da es nicht immer einfach ist, eine gute Führungskraft zu sein und Menschen zu Höchstleistungen zu motivieren, sind Sie mit diesen Führungswerkzeugen bestens gewappnet!

Gute Führung beinhaltet nach meinem Verständnis:

- Menschen für Ziele motivieren und ihnen vertrauen
- Konsequent und verbindlich Leistungen einfordern
- Kompetente Kommunikation
- Ressourcen und Fähigkeiten erkennen
- Fehler verzeihen, besprechen, ausgleichen und fördern
- Diszipliniert sein
- Selbstsicher, authentisch, einschätzbar und vorbildhaft agieren
- Gesund und sportlich sein
- Stressstabil und tolerant sein
- Führung als Coaching verstehen
- Teams optimal zusammenstellen
- Motivationswirksam und imagewirksam sprechen
- Selbstvertrauen und Souveränität zeigen
- Sich selbst ständig weiterbilden
- Feedback einholen

Um die obigen Punkte als Führungskraft dauerhaft und konsequent zu erreichen, hilft die praxiserprobte Anwendung des Matching-Konzepts. Matching steht dabei für „passend, im Einklang sein, übereinstimmen, sich verstehen, vertrauen, Synergie, gemeinsam, gewinnen“. Spiel, Satz und Sieg – das kennen Sie sicherlich aus dem Tennis –, genau darum geht es hier.

Überlassen Sie nichts mehr dem Zufall, sondern steuern Sie Führungsprozesse und Ihre Kommunikation hochgradig bewusst. Gehen Sie zunächst voller Vertrauen und positiv auf Ihre Mitarbeiter zu. Entwickeln Sie sich dabei ständig weiter.

Führung heißt Vorbild zu sein, Menschen zu verstehen und diese zu guten Leistungen zu motivieren. Dies geschieht überwiegend über Kommunikation. Zur Stärkung Ihrer Fähigkeiten in diesem Bereich ist das nachstehende Buch gedacht. Diese neue Bewusstheit in der Kommunikation wird Ihren Erfolg im Umgang mit den Ihnen anvertrauten Menschen verstärken.

Und genau diesen Erfolg wünsche ich Ihnen!

Herzlichst

Ihre

Susanne Wagner-Breukel

Kapitel I: Führung und Motivation

Was heißt Führung?

Führung heißt Prozesse und Menschen in eine Richtung zu bewegen. Meist ist dies mit der Erreichung von Zielen verbunden. In Bezug auf Wirtschaftsprozesse verstehen wir Führung als Coaching mit hohem Einfühlungsvermögen und einer guten Fach- und Sozialkompetenz. Gleichzeitig ist sie aber auch verbunden mit einer hohen Durchsetzungsfähigkeit und Konsequenz in der Einforderung von notwendigen Leistungen. Eine Führungskraft sollte in der Lage sein, die vom Unternehmen vorgegebenen Erfolgsmessfelder (z. B. Erreichen von wichtigen Kennzahlen) auf die Mitarbeiter zu übertragen und diese „hinzu-zu-motivieren", damit die Erfolge des Unternehmens dauerhaft gewährleistet sind.
Eine Führungskraft muss ständig Einfluss ausüben, um die gemeinsamen Individual-, Team- und Unternehmensziele in Einklang zu bringen. Hierbei ist es wichtig, die Mitarbeiter für diesen gemeinsamen Weg zu begeistern.

Die Beeinflussung geschieht in den meisten Fällen in der Kommunikation. Hier passiert für die Führung das Wesentliche: Durch das „richtige" Miteinanderreden wird ein positiver Einfluss ausgeübt.
Im günstigsten Fall sind dann Mitarbeiter von der Sache überzeugt und innerlich motiviert, weil Konflikte ausgeräumt und Wege geebnet werden. Wenn falsche Töne angeschlagen werden, wird ebenfalls beeinflusst, aber meist in die falsche Richtung. Die Mitarbeiter sind verunsichert, frustriert, blockiert oder „geladen".

Neueste Forschungen des Gallup-Instituts belegen, dass die meisten Arbeitnehmer mit ihren Vorgesetzten absolut unzufrieden sind und innerlich bereits gekündigt haben. Seit 2001 führt das Beratungsunternehmen Gallup einmal jährlich eine Befragung zur Stärke der emotionalen Bindung deutscher Arbeitnehmer durch.

Die Ergebnisse der Gallup Studie 2010

„Und die Ergebnisse sind wie immer erschreckend. Demnach sind gerade mal 13 % der Arbeitnehmer in Deutschland emotional an ihr Unternehmen gebunden. Die Mehrzahl 66 % ist nur gering gebunden und macht Dienst nach Vorschrift. Und ganze 21 % verspüren sogar gar keine emotionale Bindung zum Arbeitsplatz. Mit anderen Worten, diese Mitarbeiter hassen ihren Job und arbeiten aktiv gegen die Interessen des Unternehmens. Das Phänomen **innere** Kündigung und die damit verbundene mangelnde Motivation der Arbeitnehmer kosten die Unternehmen jährlich zwischen 121,8 und 125,7 Milliarden Euro. Denn unter emotional nicht gebundenen Mitarbeitern sind die Fehlzeiten und auch die Fluktuationsraten höher. Solche Mitarbeiter sind eher bereit, das Unternehmen zu wechseln, was zum Abfluss von wertvollem Know-how und zu hohen Einarbeitungskosten für neues Personal führt.

Die Ursachen für innere Kündigung

Allerdings sind die Probleme hausgemacht. Denn die Ursachen für eine innere Kündigung lassen sich meist in der Führungsebene der Unternehmen ausmachen. Fast die Hälfte aller emotional nicht gebundenen Mitarbeiter würde ihren direkten Vorgesetzten umgehend entlassen, wenn diese Möglichkeit bestünde. Ungebundene Mitarbeiter beklagen vor allem die mangelnde Offenheit der Vorgesetzten für ihre Ideen, mangelndes Lob und Anerkennung für geleistete Arbeit und generell mangelndes Feedback und mangelnde Inspiration. Fast 70 % der Mitarbeiter fühlen sich menschlich nicht genügend gewürdigt. Ebenso viele finden, dass sie eine Position ausfüllen, die ihrer Persönlichkeit nicht hundertprozentig entspricht.

So scheint das mangelnde Engagement der Arbeitnehmer doch alles in allem ein Problem zu sein, das vor allem auf der menschlichen und persönlichen Ebene ansetzt. Offensichtlich fehlt Führungskräften einfach das Charisma, die Inspirationskraft und die emotionale Intelligenz, um sich in ihre Mitarbeiter hineinversetzen zu können – kurz, es mangelt an Führungsqualitäten in der Chefetage. Was wohl diese Chefs auf die Frage antworten würden, ob sie glauben, dass sie eine Position ausfüllen, die ihren Fähigkeiten entspricht?[1]"

---

1 http://blog.jobijoba.de/2011/03/01/gallup-studie-jeder-funfte-hat-innerlich-gekundigt.

Im Matching-Konzept geht es deshalb um das richtige Miteinander-Reden im Führungsprozess. Eine hierarchische Führungsposition allein garantiert keinen Führungserfolg. Ein Vorgesetzter wird nur dann akzeptiert, wenn er persönliches Beeinflussungspotenzial mit einer guten Fachkompetenz und Menschenkenntnis verbindet. Ohne diese persönliche Autorität wird er von den Mitarbeitern nicht anerkannt. Wenn eine Führungskraft die mangelnde Anerkennung spürt, wird sie, je nach eigener Persönlichkeitsstruktur, zu Machtsicherungstaktiken greifen. Diese beruhen entweder auf autoritärem, im Extremfall diktatorischem Verhalten oder auf Absicherung und Vermeidungstaktiken. In beiden Fällen ist die Zufriedenheit der Mitarbeiter verständlicherweise gering, die Effizienz daher besonders niedrig. Aus diesem Grunde sind der Bereich der Persönlichkeit und die Kenntnis darüber für Führungskräfte von besonderer Bedeutung.

Was sind mögliche Führungsaufgaben?

Zu möglichen Führungsaufgaben zählen folgende Punkte:

- Entwicklung von richtigen Erfolgsstrategien
- Erfolgsmessfelder des Unternehmens definieren
- Betriebswirtschaftliche Kennzahlen erreichen
- Aufgaben verteilen, koordinieren, delegieren
- Unterweisung, Problemlösung, Unterstützung
- Konsequente Leistungskontrolle und Leistungsbewertung
- Motivation, Gesprächsführung
- Konfliktbewältigung
- Personal richtig auswählen
- Neue Mitarbeiter richtig einführen
- Ressourcen und Fähigkeiten erkennen, Fehler verzeihen, die gewünschte Arbeitsweise (z. B. Verkaufsgespräche) vormachen, begleiten
- Teams optimal zusammenstellen und entwickeln
- Mitarbeiterentwicklung, Karriereplanung, Gehaltsfragen

- Organisatorische Veränderungen, Versetzungen
- Kündigung, Verabschiedung von Mitarbeitern

Ziel sollte es daher für eine Führungskraft immer sein, die eigene Weiterbildung ernst zu nehmen und die persönlichen Managementfähigkeiten auszubauen.

Das erwarten Ihre Mitarbeiter:

- Hohe fachliche und soziale Kompetenz
- Kognitive Fähigkeiten wie Analyse und Strategieentwicklung
- Emotionale Intelligenz
- Führungserfahrung
- Vorbildfunktion und souveränes Auftreten
- Gute Umgangsformen
- Offenheit und Vertrauen
- Klare Anweisungen
- Erreichbare Ziele
- Transparenz in der Unternehmenskommunikation
- Einbindung in wichtige Entscheidungsprozesse
- Souveränität und Kooperation
- Entwicklungschancen und Fairness in der Bewertung
- Konsequenz, Durchsetzung und Respekt
- Disziplin und Klarheit
- Feedback durch Gespräche
- Aktives Zuhören und Wertschätzung
- Hilfe und Lösungen bei Fragen
- Lösung von unterschwelligen oder offenen Konflikten
- Coaching und Begleitung bei Schwierigkeiten
- Gutes Unternehmens- und Abteilungsklima

- Zuverlässigkeit und Sicherheit
- Einhalten von Regeln und Absprachen

Ich empfehle Ihnen, Ihre Mitarbeiter mit Ihren Ressourcen und Fähigkeiten bewusst und wertschätzend zu unterstützen. Wenn Sie die Chance haben, Ihre Mitarbeiter selbst auszuwählen, achten Sie auf die fachliche und menschliche Kompetenz. Wenn Sie ein vorhandenes Team übernehmen, nehmen Sie sich die Zeit, jeden einzelnen Mitarbeiter kennenzulernen. Formulieren Sie Ihre Wünsche und Ziele und versuchen Sie basierend auf dem nachstehenden Management-Regelkreis, Ihre Mitarbeiter für den gemeinsamen Weg zu begeistern. Finden Sie eine gute Mischung aus motivierender Atmosphäre und Respekt mit aktiver Führung. Kombinieren Sie eine bewusste Kommunikation mit Elementen der Wertschätzung, Konsequenz und dem verbindlichen Einholen von einer für das Unternehmen zufriedenstellenden Leistung. Denn dafür werden Sie bezahlt!

Der Management-Regelkreis

Der nachstehende Kreislauf ist ideal dafür geeignet, die vom Unternehmen oder auch selbst gesetzte Ziele über konsequente Führung und Motivation zu erreichen. Ich habe als Coach mit diesem Regelkreis Führungskräfte aktiv unterstützt und konnte ihnen wirkungsvoll helfen, die gesetzten Unternehmensziele über aktive Führungsprozesse zu erreichen.

Der Management-Regelkreis basiert auf **5 Führungselementen**:

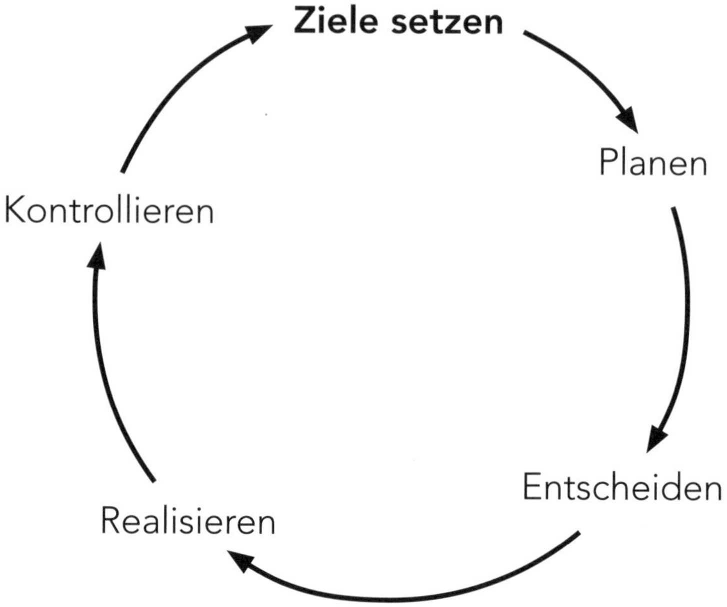

1.	**Ziele setzen:**	Erarbeiten und formulieren Sie diese konkret!
2.	**Planung:**	Bereiten Sie die Umsetzung gut vor!
3.	**Entscheidung:**	Begeistern Sie Ihre Mitarbeiter!
4.	**Umsetzung:**	Organisieren Sie die Durchführung!
5.	**Controlling:**	Überprüfen Sie die Abläufe und Ergebnisse.

Achten Sie in der Arbeit mit dem Management-Regelkreis auf eine offene und motivierende Kommunikation im Unternehmen.

Ein Beispiel aus der Praxis

Nachstehend möchte ich Ihnen ein Bespiel aus meinem Berateralltag schildern. Basierend auf dem Management-Regelkreis in Verbindung mit einem darauf abgestimmten Coaching-Programm konnte ich ein Unternehmen vor der Schließung und damit über 100 Arbeitsplätze retten. Dies ging aber nur, weil der verantwortliche CEO (Chief Executive Operator) voll hinter diesem Konzept und meiner Arbeit als Coach stand.

Das Unternehmen war ein großes Handelsunternehmen mit einer jahrzehntelangen Tradition. Der CEO besuchte mich in meinem Büro und berichtete mir, dass er und seine Vorstandskollegen mit dem Gedanken spielten, das Handelsunternehmen aufgrund schlechter Umsatzzahlen zu schließen. Die Produktivität der Mitarbeiter als auch die Zahlen, Daten und Fakten sprachen für sich. Der Gedanke allein, das Haus zu schließen, tat aber in jeder Hinsicht weh. Ich regte ihn durch unser Gespräch an, den Management-Regelkreis in Verbindung mit einem Coaching für das nächste Geschäftsjahr zu planen und dem Unternehmen und vor allem den Mitarbeitern noch eine letzte Chance zu geben.

1. Ziele setzen

In einem ersten Schritt trafen wir uns mit den Führungskräften des Unternehmens, um sie in die geplante Maßnahme einzubinden. Es wurden sogenannte Erfolgsmessfelder definiert, die darin bestanden, die Tagesproduktivität des Hauses, den jeweiligen Bruttonutzen pro Auftrag in den Abteilungen und die Arbeitspräsenz und Motivation der Mitarbeiter zu steigern. Diese Messfelder wurden verbindlich verabschiedet. Jeder Manager hatte jetzt die Aufgabe, diese Ziele in seinem Mitarbeiterteam zu kommunizieren. Ich begleitete die Führungskräfte in der Durchführung und motivierenden Kommunikation für die gesetzten Ziele.

2. Planung

Jede Führungskraft erarbeitete mit mir gemeinsam einen Zeit- und Umsetzungsplan. Es wurden Meetings mit ihren Mitarbeitern festgesetzt, in denen diese über die Ziele informiert und hinsichtlich der Umsetzung in die Planung mit einbezogen wurden. Jeder Mitarbeiter bekam die Chance, eigene Vorschläge und Ideen, wie das zukünftige Geschehen zu strukturieren war, mit einzubringen, um die definierten Ziele zu erreichen. Ebenfalls wurden hierbei zwischenmenschliche Konfliktpunkte angesprochen und geklärt. Die Maßnahme wurde allseits akzeptiert. Die Tagesabläufe, -produktivität und Mitarbeitereinteilung wurden geplant und gemeinsam verabschiedet.

3. Entscheidung

Jeder informierte Mitarbeiter war sich über den Ernst der Lage bewusst und entschied sich mit einem „klaren Ja", das Projekt und damit die Chance, das Unternehmen und die Arbeitsplätze zu erhalten, zu unterstützen. Ein wesentlicher Aspekt in dieser Phase war die tägliche offene Kommunikation zwischen Vorstand, Management und Mitarbeiterteam. Das Motto dieser Maßnahme war: „Gemeinsam sind wir stark, wir schaffen es nur zusammen!" Die Sprache der Führungskräfte war motivationswirksam – hierin waren sie vorher von mir eingestimmt und gecoacht worden.

4. Realisierung

Die Coaching-Maßnahme erstreckte sich über einen Zeitraum von sechs Monaten. Die Basis für das Projekt bildete ein Ausbildungsprogramm für die beteiligten Manager inklusive des Vorstands, das aus sechs Modulen und zahlreichen Einzelsupervisionen bestand. Dieses Coaching-Programm hatte das Ziel, die Motivation der Mitarbeiter durch eine bewusste Kommunikation untereinander zu steigern, so dass die vom Unternehmen erforderlichen betriebswirtschaftlichen Kennzahlen erreicht werden konnten.
Die Führungskräfte wurden in diesem Programm so ausgebildet, dass es ihnen durch Gespräche und Supervision täglich vor Ort gelang, Innendienst-, Vertriebs- und Fuhrpark-Mitarbeiter zu Höchstleistungen zu motivieren. „Leistung zeigen, wenn's drauf ankommt" und dies durch einen professionellen und souveränen Umgang mit Mitarbeitern und Kunden war das Ziel der Maßnahme. Sich dabei gegenseitig zu unterstützen und füreinander einzuspringen, war ein wichtiges Element dieser Coaching-Maßnahme. Des Weiteren wurden wichtige gewerbliche und interne Schnittstellen in alle Maßnahmen systemisch einbezogen, so dass der Erfolg gemeinsam gezielt geplant und erlebt werden konnte.

5. Controlling

Gemeinsam mit der EDV-Abteilung führten wir ein sogenanntes Ampelsystem ein, das aus den Farben Grün, Gelb und Rot bestand. Die Tagesproduktivitätsergebnisse wurden den jeweiligen Mitarbeitern in den einzelnen Abteilungen zugeordnet, so dass jeder wusste, was er selbst zum Gesamtergebnis beigetragen hatte und wo noch konkrete Zahlensteigerungen fehlten. Die einzelnen Mitarbeiter halfen sich gegenseitig, indem sie ihre

Kunden zu weiteren Käufen anregten, damit die Tagesziele auf jeden Fall erreicht werden konnten.
Die neu gelernte bewusste Kommunikation und Motivation der Führungskräfte half, die Ergebnisse zu erreichen. Täglich wurden die Ergebnisse ins Netz gestellt, so dass das Abteilungsteam jederzeit gemeinsam „nachlegen" konnte. Die betriebswirtschaftlichen Ergebnisse wurden wöchentlich vom Vorstand evaluiert und konnten den Erfolg der Maßnahme bestätigen. Jeder Mitarbeiter weiß heute, wo er steht, und wie er durch sein Handeln dazu beigetragen hat, den Erfolg des Unternehmens auszubauen.

Ermöglicht wurde dieses Programm durch die visionäre Haltung des CEO's und seinem Managementteam, die gemeinsam mit mir an die Realisierbarkeit und den Erfolg der Maßnahme geglaubt hatten. Das Unternehmen hat seine Tagesproduktivität seit Beginn der Maßnahme verdreifacht! Der CEO arbeitet heute als weltweiter Strategieexperte im Stahlmanagement, wir sind nach wie vor in Projekten verbunden.

Sven Koepchen
Managing Partner

RCG Research & Consulting Group
Strategische Managementberatung
für weltweit operierende Konzerne

Ich möchte Frau Wagner-Breukel für ihre intensive Coaching Maßnahme meine vollste Anerkennung aussprechen. Sie hat in einem schwierigen wirtschaftlichen Umfeld durch Teambildungsmaßnahmen maßgeblich zum nachhaltigen Erfolg und damit zum „turn around" in zwei von mir damalig als CEO zu verantwortenden Gesellschaften mit beigetragen.

Die Coachingmaßnahme hatte das Ziel, die Motivation der Mitarbeiter durch eine bewusste Kommunikation untereinander so zu steigern, dass die geforderten leistungsabhängigen und betriebswirtschaftlichen Kennzahlen erreicht werden konnten.

Ebenfalls wurden alle internen Schnittstellen mit in die Maßnahme einbezogen, so dass der Erfolg gemeinsam über die Gesellschaft gezielt geplant und erlebt werden konnte.

Die ganze Maßnahme wurde mittels eines extra darauf abgestimmten EDV-Controllings in den festgelegten Leistungsmerkmalen täglich evaluiert und auch optisch mittels eines einfachen Ampelsystems (grün-gelb-rot) zur Darstellung des eingetretenen Erfolgs angezeigt.

Dieses konsequente Konzept führte dazu, dass die notwendigen Erfolgsmessfelder wie Tagesproduktivität, Ergebnis und Präsenz der Mitarbeiter verbindlich erhöht wurden. Die Mitarbeiter konnten täglich sehen, wo sie selbst und als Team standen. Der Effekt war positiv und erhöhte die Einsatzbereitschaft jedes Einzelnen und auch den Teamgeist. Wenn beim Einzelnen noch Zahlen fehlten, halfen Kollegen, die Tagesziele zu steigern. Das ist dank des Coachings von Frau Wagner-Breukel auch in den Jahren danach erfolgreich bis heute gelungen.

Die hierdurch verbesserte Kompetenz in der bewussten Kommunikation der Führungskräfte und Mitarbeiter untereinander war die maßgebliche Basis für die erfolgreiche Teambildung.

Der Management-Regelkreis in Verbindung mit meinem kommunikativen Matching-Konzept hat meine Arbeit als Coach wesentlich geprägt. Das Prinzip beinhaltet immer die fünf Elemente des Regelkreises. Unternehmen brauchen klare und erreichbare Ziele. Die Mitarbeiter müssen auf jeden Fall in die Vorgänge eingebunden werden, damit sie motiviert sind. Die Vorgehensweise sollte klar, selbstbewusst, verbindlich und konsequent sein. Wertschätzung und Respekt gehören auf jeden Fall dazu. Auf dieser Basis coache ich Führungskräfte und Unternehmen, ihre Ziele über eine bewusste und motivationswirksame Kommunikation zu erreichen. Hier genau setzt das von mir entwickelte Match-Konzept an, indem es ermöglicht, das Gegenüber zielgerichtet anzusprechen.

Kapitel II: Potenzialermittlung mit dem Match-Test

Das eigentliche Herzstück des Matching-Konzepts ist der Match-Test. Die Anwendung und Kenntnis dieses einfach und leicht zu verstehenden Verfahrens hilft, die eigene Einstellung zur Leistung, zum Umgang mit Menschen, zu Wahrnehmungsvorlieben (Repräsentationssystemen) und Bedürfnisstrukturen von sich selbst zu erkennen. Darüber hinaus unterstützt es, die Landkarten anderer Menschen zu verstehen, um ihnen mit mehr Toleranz und Humor zu begegnen. Wenn ich weiß, wie ich und der Andere „ticken", ist das sozusagen die halbe Miete. Eine Kommunikation ist nur dann positiv, wenn ich den Anderen mit seiner persönlichen Art akzeptiere und nicht meine Landkarte als Maßstab der Welt nehme.
Der Match-Test hilft, die eigenen Wahrnehmungsvorlieben und die des Gegenübers zu verstehen. Der Name „Match" steht deshalb für Übereinstimmung, Wellenlänge und ein gutes Pacing (Gleichklang) in der Kommunikation. Mit dem von mir entwickelten Kommunikationsteil garantiert dieses Konzept das menschliche Matching und ist daher die perfekte Methode, um eine gute Wellenlänge zwischen Menschen dauerhaft zu garantieren.

Eine Führungskraft, die dieses Konzept verinnerlicht, wird über sich selbst hinauswachsen und die ihr anvertrauten Mitarbeiter ebenfalls. Mit der Matching-Methode können Mitarbeiter motiviert und Ziele leicht und souverän erreicht werden, das hat meine Arbeit in den letzten Jahren mehrfach in zahlreichen Unternehmen bewiesen.
Ich möchte mit dieser Methode Menschen helfen, eine gute Arbeit zu leisten und dabei in einer guten Balance zu sein. Genau das ist mein Anliegen als Coach. Ich möchte Sie als Leser dieses Buches anregen, an sich zu arbeiten und zu wachsen. Dies hängt allerdings insbesondere davon ab, ob man bereit ist, aus der eigenen Komfortzone herauszugehen und zuerst bei sich selbst zu beginnen – etwas, was ich nur jedem raten kann.

Folgende Grundgedanken bildeten die Basis für die Entwicklung des Match-Tests:

- Warum schaffen es manche Menschen, erfolgreich zu sein und andere wiederum nicht?
- Warum stecken bestimmte Menschen Misserfolge einfach weg und starten danach erst richtig durch?
- Weshalb können bestimmte Personen mit Kritik und Konflikten souverän umgehen und andere gar nicht?
- Warum ist manch Einer so selbstbewusst und der Andere nicht?
- Weshalb kann der Eine vor Gruppen Reden halten und der Andere bevorzugt die Vermeidung?
- Weshalb kommen bestimmte Menschen mit ihrer Umgebung sofort klar und andere können nur mit ganz bestimmten Zielgruppen kommunizieren?
- Warum harmonieren bestimmte Teammitglieder miteinander und andere überhaupt nicht?

Die Erreichung des persönlichen Erfolgs ist nicht nur abhängig von der eigenen Einstellung zur Leistung, zum sozialen Umfeld und dem Glauben an den persönlichen Erfolg, sondern ebenfalls von anderen Menschen. Erfolg erreicht man nicht egoistisch allein, sondern nur in einem gut abgestimmten Team oder funktionierenden Netzwerk. Um aber Bestandteil einer intakten Gemeinschaft zu sein, bedarf es der richtigen Selbsteinschätzung und der ständigen Arbeit an sich selbst.

Einer erfolgreichen Führungskraft oder der, die es werden möchte, empfehle ich daher, zuerst selbst den Match-Test durchzuführen, um die eigenen Stärken und Entwicklungsfelder, d. h. die eigene Landkarte, kennenzulernen. Hierdurch erkennt sie, welche Wahrnehmungsvorlieben sie hat und wo unter Umständen ein eigener Lernprozess benötigt wird. Nur wer ständig an sich arbeitet, kann sich weiterentwickeln. Nur wer selbst brennt, kann andere entzünden!

Der Match-Test besteht aus drei Modulen:

Die drei Module des Match-Tests
1. Match-Social – Testet die soziale Kompetenz
2. Match-Sense – Testet die Wahrnehmungskanäle
3. Match-Home – Testet die Bedürfnisse/Heimatgebiete

Das Verfahren Match-Social wurde in langjährigen Testreihen gemeinsam von Herrn Dipl. Psych. Prof. Dr. Reimer Eggers und mir entwickelt. Die Basis für die Ergänzungstests Match-Sense und Match-Home lernte ich durch V.I.E.L. Coaching und Training in Hamburg kennen. Diese Module wurden von mir weiterentwickelt. Die Match-Tests stehen Einzelpersonen und Unternehmen online zur Verfügung. Sie entsprechen den vom deutschen Psychologenverband geforderten Gütekriterien nach Reliabilität (Zuverlässigkeit), Validität (Gültigkeit) und Objektivität.

Bei den Ergebnissen geht es nicht um „Gut" oder „Schlecht", sondern um den individuellen Status, in dem man sich gerade befindet. Jeder Wert kann verändert werden, man muss es nur wollen und üben!
Die Match-Tests eignen sich ebenfalls zur Potenzialeinschätzung von vorhandenen Mitarbeitern und zur Personalauswahl von neuen Mitarbeitern. Sie sind für jedermann als Eigen- oder Selbstcoaching anzuwenden. Der Anwender erhält einen aktuellen Status und zahlreiche Interpretationstipps, um gezielt an sich zu arbeiten und zu wachsen.

Die Verfahren sind einfach online anzuwenden und leicht verständlich. Man muss kein Psychologe sein, um das Ergebnis zu verstehen. Ein gesunder Menschenverstand in Verbindung mit der Fähigkeit, Schwächen zu Stärken zu entwickeln, hilft, aus dem Verfahren seinen persönlichen Nutzen zu ziehen.
Mit dem Kauf dieses Buches haben Sie eine Match-Testauswertung für Sie persönlich erstanden. Nutzen Sie den aufgeklebten Freischalt-Key auf der Vorderseite des Buches.
Gehen Sie hierfür auf die Internetseite www.match-test.de und geben Sie diesen Schlüssel ein, um damit den kompletten Match-Test zu starten. Der Freischalt-Key auf der Frontseite des Buches beinhaltet die Auswertung für alle drei Match-Tests (Match-Social, -Sense und -Home). Alle drei Tests laufen nacheinander ab. Die Auswertung ist inklusive.

Match-Social: Soziale Kompetenz

Im ersten Test, dem Match-Social, geht es um Ihre soziale Kompetenz. Hier wird Ihnen verdeutlicht, wie Sie sich selbst in Leistungssituationen und im Umgang mit anderen Menschen von Ihren Einstellungen und Sichtweisen steuern lassen. Der Match-Social ist ein standardisiertes, mehrdimensionales diagnostisches Instrument, das die Erfassung von Merkmalen der Leistungsmotivation und der sozialen Fähigkeiten im Zusammenhang mit beruflichen Leistungsanforderungen ermöglicht. Der vorrangige Einsatz des Verfahrens liegt im Bereich der Personalauswahl und der Potenzialerkennung von Fach- und Führungskräften vornehmlich aus dem Dienstleistungssektor. Der Match-Social kann in Verbindung mit den weiteren Tests Match-Sense und Match-Home sowohl als unabhängiges Verfahren als auch im Rahmen von Assessment-Centern angewendet werden. Auch als eigenständiges Verfahren ist der Match-Test „trennscharf", dafür allerdings wesentlich kostengünstiger als das aufwändige Assessment-Center.

Testkonzept Match-Social

Die im Match-Social erfassten Personenmerkmale sind Indikatoren für die erfolgreiche Bewältigung beruflicher Anforderungen.
Unter Leistungsmotivation versteht man allgemein eine Persönlichkeitsdimension, die das Bestreben umfasst, sich mit Gütemaßstäben auseinander zu setzen und die eigene Tüchtigkeit und den persönlichen Erfolg zu steigern. Die Leistungsmotivation hängt eng mit beruflichen Erfolgen zusammen. Hoch Leistungsmotivierte sehen die eigene Anstrengung als Ursache für das Gelingen oder Misslingen von Leistungsbemühungen und übernehmen die Verantwortung für erzielte Leistungsergebnisse. Der Bereich der Leistungsmotivation lässt sich in einzelne, voneinander unterscheidbare Motivkomponenten unterteilen.
Soziale Kompetenz beinhaltet Fähigkeiten, die helfen, Situationen der sozialen Interaktion im Beruf und im Privatleben erfolgreich zu bewältigen. Eine Person mit hoch ausgeprägter sozialer Kompetenz kann daher vereinfacht gesagt „gut mit Menschen umgehen". Solche sozialen Fähigkeiten scheinen allerdings nicht universell zu sein, sondern werden für spezifische soziale Situationen erworben. Der begriffliche Bedeutungskern der sozialen Kompetenz umfasst dabei eine bestimmte zweckrationale Handlungskompetenz. Danach umfasst soziale Kompetenz das erfolgreiche Realisieren von Plänen und Zielen in Situationen der sozialen Interaktion.

Der Match-Social erfasst bestimmte Motivationskomponenten und soziale Fähigkeiten, die bei beruflichen Leistungsanforderungen von Bedeutung sind. Hierbei ist zu berücksichtigen, dass der Match-Social ein standardisiertes Testverfahren ist und Merkmale erfasst, die auf Selbstauskünften von Personen beruhen. Diese Form der Erfassung von Merkmalen als Eignungsprädiktoren ist immer dann angebracht, wenn es um Motive, Einstellungen, Überzeugungen u. ä. geht. Die im Match-Social erfassten Kompetenzen lassen daher gute Rückschlüsse darauf zu, wie sich ein Mitarbeiter in Leistungssituationen und Umgang mit anderen Menschen selbst steuert.

Die im Test ermittelten Erfolgsfaktoren helfen, die aktuellen Stärken und Schwächen in der sozialen Kompetenz zu erkennen und auszugleichen (Coaching).

Testaufbau Match-Social

Der Match-Social erfasst acht Qualifikations- oder Erfolgsmerkmale, die sich bei der empirisch-testmethodischen Konstruktion des Verfahrens durch eine Faktorenanalyse ergaben. Den Probanden werden 71 Statements vorgegeben, zu denen sie auf einer Ratingskala Stellung nehmen sollen. Dazu stehen ihnen vier Antwortmöglichkeiten offen. Die Bearbeitung der Statements geschieht direkt am PC. Das individuelle Testergebnis in Form von den acht Merkmalskalen kann sich der Proband selbst ausdrucken. Wir gewährleisten dabei eine hohe Durchführungs- und Auswertungsobjektivität.
Die Auswertung erfolgt über das Internet, so dass das individuelle Ergebnis nach Abschluss der Bearbeitung **sofort** mit ausführlichen Interpretations- und Coaching-Hilfen zur Verfügung steht. Dabei werden die individuellen Ergebnisse für jede der acht Erfolgsfaktoren berechnet und durch eine grafische Profildarstellung ergänzt.

Die acht Merkmalsskalen des Match-Social-Verfahrens
• Misserfolgstoleranz und Kritikstabilität
• Aktivität und Ehrgeiz
• Selbstvertrauen
• Initiative und Selbständigkeit
• Zuversicht in Leistungssituationen
• Selbstmotivation und Einsatzbereitschaft
• Antrieb durch Vorbilder
• Gelassenheit im Berufsleben

Die Ergebniswerte werden anhand einer Kurve dargestellt, die einen Minusbereich (-3, -2, -1), einen Normal- bzw. OK-Bereich (OK, +1, +2) sowie einen extrem hohen Bereich (+3) je nach Ausprägung der Erfolgsfaktoren umfasst.

Die extrem hohe Ausprägung von + 3 kann unter Umständen „Übersteigerungstendenzen" beinhalten. Das heißt z. B. bei dem Merkmal Selbstvertrauen, dass die Testperson eventuell dazu neigt, mit ihrem hohen Selbstbewusstsein andere zu dominieren. Erläuterungen und unsere Interviewfragen helfen, die Werte zu verstehen und ggf. zu verändern. Im Testergebnis bekommen Sie Hinweise, was Sie konkret tun können, um an sich und Ihrer sozialen Kompetenz zu arbeiten. Ziel ist es, dass Sie sich im Umgang mit anderen Menschen souverän und kompetent verhalten. Lesen Sie nachstehend die Interpretationsmöglichkeiten der Testergebnisse.

Erläuterung der einzelnen Testfaktoren des Match-Social

1. Merkmal „Misserfolgstoleranz und Kritikstabilität"

Dieses Merkmal gibt darüber Auskunft, ob die berufliche Motivation nach Misserfolgen beeinträchtigt ist und wie auf Kritik reagiert wird.

Die Belastbarkeit ist **positiv** ausgeprägt, wenn berufliche Fehlschläge oder Kritik an der eigenen Person konstruktiv umgesetzt werden und nicht in einem Vermeidungsverhalten enden. Leistungsanforderungen wird nicht ausgewichen. Personen mit positiver Ausprägung in diesem Merkmal überwinden Rückschläge schnell, lassen sich dadurch nur zu höheren Leistungen anspornen und sind bei Kritik nicht übermäßig gekränkt oder verletzt.

Liegt der Testwert im Bereich der **Übersteigerung**, ist dies ein Hinweis darauf, dass die Person gegenüber Misserfolgen völlig gleichgültig ist und nicht aus ihren Fehlern lernt. Berechtigte Kritik wird kaum angenommen, sondern prallt eher ab. Unter Umständen ist diese Person zu sehr von sich überzeugt und neigt zur Selbstüberschätzung.

Bei **Defizitwerten** ist damit zu rechnen, dass die betreffende Person auf Misserfolge überempfindlich reagiert und vor Leistungsanforderungen und Risiken zurückscheut. Die Ursachen für Misserfolge werden einseitig und in unrealistischer Weise nur bei sich selbst gesucht. Auf Kritik wird mit Unsicherheit und Verletzlichkeit reagiert. Vermeidungsverhalten ist häufig die Folge. Eine Führungskraft, die hier ein Defizit aufweist, hat Probleme damit, Misserfolge für sich selbst, aber auch im Umgang mit anderen zu akzeptieren.

Diese mangelnde Toleranz kann dazu führen, dass man sich und andere unter Druck setzt. Versuchen Sie zu hinterfragen, woher dies kommt, z. B. durch eine hohe Leistungserwartung aus dem eigenen Elternhaus oder anderen Bereichen. Versuchen Sie Fehler und Misserfolge sich selbst und anderen zu verzeihen und helfen Sie Ihren Mitarbeitern durch Gespräche, Vorbildverhalten und Verständnis. Misserfolgstoleranz kann man lernen, seien Sie ein gutes Modell!

2. Merkmal „Aktivität und Ehrgeiz"

Dieses Merkmal zeigt, ob Personen die Konsequenzen ihrer Handlungen berücksichtigen und ob sie Erfolgswillen und Ehrgeiz kombiniert mit einer hohen Aktivität aufweisen. Es kommen dabei Aspekte des Erfolgswillens, gekoppelt mit beruflichem Geltungsstreben und vorausschauender Planung zum Ausdruck. Menschen, die aktiv und ehrgeizig sind, gehen geradeaus, sind „hinzu-zu-motivieren“ und geben nicht auf.

Das Merkmal ist **positiv** ausgeprägt, wenn Personen sich in vorausschauender Weise die Folgen ihres Handelns überlegen, wenn sie versuchen, beruflich voranzukommen und wenn sie konsequent und mit Aktivität ihre Vorhaben durchführen. Diese Personen sind ehrgeizig und aktiv, weil sie in Bezug auf ihre Leistungsfähigkeit etwas auf sich halten. Es wird daher bei einer positiven Einstellung versucht, eigene Ideen einzubringen und zu verwirklichen. Diese Menschen haben die Eigenschaft, andere Menschen mitzuziehen und für Ziele zu begeistern.

Eine **Übersteigerung** deutet auf überzogene Ziele und übertriebenen Erfolgswillen hin. Aktivität schlägt in Verbissenheit um, wobei ein egoistisches Aufstiegsinteresse alles überlagert und dominiert. Wenn Sie selbst einen übersteigerten Ehrgeiz haben, achten Sie darauf, sich selbst und andere nicht zu überfordern.

Bei **Defizitwerten** ist kaum Ehrgeiz und Aktivität zu spüren, Ziele sind nicht erkennbar. Testpersonen, die hier ein Defizit aufweisen, haben derzeit keine konkreten Ziele. Hier bietet es sich an, zu hinterfragen, was derzeit demotiviert und wie wieder aktiv Ziele verfolgt werden können. Wenn Sie als Führungskraft erkennen, dass Sie wenig Ehrgeiz haben, dann fragen Sie sich, woran das liegt. Wenn Ihre Mitarbeiter ähnliche Werte haben, versuchen Sie sich gegenseitig zu aktivieren und zu motivieren. Setzen Sie sich selbst klare und realistisch erreichbare Ziele und stecken Sie Ihre Mitarbeiter mit Ihrer Begeisterung an. Belohnen Sie sich und andere, wenn Sie die Ziele erreicht haben.

3. Merkmal „Selbstvertrauen"

Dieses Merkmal erfasst, ob Personen sich selbst in Sozialkontakten etwas zutrauen, selbstbewusst agieren und ein positives Selbstbild haben. Dazu gehört auch der Aspekt des Durchsetzungsvermögens gegenüber anderen Personen, selbst dann, wenn es um die Bewältigung von Konflikten mit Einzelpersonen oder der Gruppe geht.

Das Merkmal ist **positiv** ausgeprägt, wenn die betreffenden Personen sehr von sich überzeugt sind und ein ausgeprägtes Selbstvertrauen haben, das auch ein gutes Vertrauen in die eigene Leistungsfähigkeit einschließt. Der eigene Standpunkt wird selbstsicher vertreten, Sprechen vor Publikum und ein guter Blickkontakt sind kein Problem. Ein gutes Durchsetzungsvermögen gegenüber anderen ist vorhanden.

Ein positives Selbstvertrauen bedeutet in der Praxis, dass die betreffende Person von anderen akzeptiert und geschätzt wird, speziell dann, wenn das Selbstvertrauen angemessen positiv ist, ganz im Gegenteil zur übersteigerten Ausprägung.

Wenn Werte im Bereich der **Übersteigerung** vorhanden sind, können diese auf eine übertrieben hohe Selbsteinschätzung bei gleichzeitiger Abwertung anderer Personen und auf den Hang zur übertriebenen Selbstdarstellung hinweisen. Im Extremfall kann dies bis zu Überlegenheitsgefühlen reichen (Egomanie). Menschen, die einen Hang zur lustvollen Selbstdarstellung haben, neigen dazu, andere Menschen zu verletzen oder zu nerven! Wenn Sie selbst übersteigert sind, achten Sie darauf, dass weniger mehr ist! Suchen Sie sich eine Person Ihres Vertrauens, die Sie respektvoll aufmerksam macht, wenn Sie dieses Verhalten negativ und überzogen zeigen. Lernen Sie, sich selbst weniger in den Mittelpunkt zu stellen, nehmen Sie sich etwas mehr zurück. Wenn Sie Mitarbeiter haben, die übersteigert auftreten, geben Sie ihnen regelmäßig Feedback und bringen Sie sie „zur Landung“.

Bei Werten im **Defizitbereich** sind die betreffenden Personen unsicher gegenüber anderen und fühlen sich eher unterlegen. Sie trauen sich selbst kaum etwas zu und halten sich für unwichtig. Wenn Sie selbst ein Defizit aufweisen, versuchen Sie die Gründe herauszufinden, woran es liegt, dass Ihr Selbstvertrauen „unten“ ist. Gibt es private oder geschäftliche Probleme, die Sie herunterziehen? Seien Sie realistisch und versuchen Sie die Ursachen für Ihr geringes Selbstwertgefühl herauszufinden. Häufig liegt ein geringes Selbstwertgefühl darin begründet, dass Sie sich selbst zu hohe Erwartungen setzen und sich und andere hierdurch als mögliche Kompensation negativ unter Druck setzen.

Wenn Sie Mitarbeiter haben, die im Übersteigerungs- oder defizitären Bereich liegen, versuchen Sie ausgleichend bis unterstützend zu wirken. Bei Mitarbeitern mit einem geringen Selbstvertrauen z. B. sollten Sie regelmäßig gute Leistungen loben und bei Misserfolgen motivierend zur Seite stehen. Suchen Sie das regelmäßige Gespräch und geben Sie Ihrem Mitarbeiter Feedback –„gehen Sie mit gutem Beispiel voran!"

4. Merkmal „Initiative und Selbständigkeit"

Das Merkmal erfasst, ob Personen von eigenen Einflussmöglichkeiten auf die Ergebnisse ihrer Handlungen oder das Erreichen von Zielen überzeugt sind und dementsprechend glauben, dass Erfolge maßgeblich von ihnen selbst abhängen. Es spiegelt die Überzeugung, ob jemand sich selbst als verantwortlich für Ereignisse sieht oder eher als Spielball der Umstände oder anderer Personen. Dieser Faktor filtert heraus, ob eine Person ziel- oder lageorientiert denkt und handelt. Je mehr sie sich selbst als Ursache ihrer Handlungsergebnisse begreift, umso mehr resultiert daraus Eigenmotivation und Lernbereitschaft im Sinne von eigenverantwortlicher Aktivität zur Erreichung von Zielen.

Das Merkmal ist **positiv** ausgeprägt, wenn das Erreichen von Zielen verstärkt auf die eigenen Fähigkeiten zurückgeführt wird. Diese Personen nehmen sich selbst als verantwortlich für ihre Handlungen und deren Folgen wahr und machen dafür nicht andere Personen oder die Umstände haftbar. Sie sind initiativ, zuversichtlich und davon überzeugt, etwas bewegen zu können und setzen dies dann auch in die Tat um. Positives Denken und Optimismus sind hier bei den jeweiligen Personen in der Regel anzutreffen. Die Folge davon ist, dass das Arbeitspensum gut bewältigt wird. Längere Durststrecken werden ausgehalten, der Weg ist das Ziel, dieses Motto macht das Denken und Handeln dieser Personen aus.

Übersteigerung bei diesem Merkmal kann jedoch bedeuten, dass äußere Einflüsse nicht bedacht oder geleugnet und daher übersehen werden. Delegation von Aufgaben kann abgelehnt werden, weil sie als Verlust von Kontrolle wahrgenommen wird. Eine übersteigerte Ausprägung kann auch ausdrücken, dass diese Person sehr eigenbestimmt ist und auf Fremdbestimmung eher allergisch reagiert, sowie sich in der Führung nur ungern etwas sagen lässt.

Defizitwerte deuten darauf hin, dass eigene Einflussmöglichkeiten nicht wahrgenommen werden. Diese Personen sehen sich den Umständen und anderen Menschen ausgeliefert. Sie können daher wenig Eigenmotivation

und Lernbereitschaft entfalten. Im Extremfall nehmen sie eine fatalistische Haltung ein und zeichnen sich durch mangelnde Aktivität (z. B Krankfeiern, Vermeidung usw.) aus. Wenn Sie selbst ein Defizit bei diesem Faktor haben, überlegen Sie, was Sie derzeit an Ihrem Erfolg oder dem Erreichen eines Zieles gedanklich und emotional behindert. Es gibt keine gute Fee, die Ihnen Ihre Wünsche und Träume erfüllt. Sie selbst sind der Zauberer Ihrer Gedanken, denken Sie zielorientiert und realistisch positiv.
Nur Sie selbst und Ihre Mitarbeiter können Ihre eigenen Ziele erreichen, dies aber auch nur, wenn Sie positiv denken. Matthias Herzog sagt hierzu in seinem Buch „Spitze sein, wenn's drauf ankommt“: Hör auf zu quaken, komm aus dem Quark, beweg Deinen Hintern und werde endlich aktiv![2]
Genau das empfehle ich Ihnen und Ihren Mitarbeitern.

5. Merkmal „Zuversicht in Leistungssituationen"

Mit diesem Merkmal wird erfasst, wie ausgeprägt das Gefühl der eigenen Kompetenz bei Leistungsanforderungen ist, die als schwierig empfunden werden. Dabei handelt es sich um die innere Haltung in diesen Situationen, die in der Folge die Belastbarkeit bei schwierigen Anforderungen beeinflusst. Menschen, die Zuversicht entwickeln, stellen sich unliebsamen, neuen Situationen, sie gehen aus ihrer Komfortzone heraus und stellen sich einem möglichen Risiko. Sie haben keine Angst vor Ablehnung und trauen sich Neues jederzeit zu.

Das Merkmal ist **positiv** ausgeprägt, wenn die Personen bei hohen Leistungsanforderungen die Ruhe bewahren und sich im Bewusstsein ihrer Kompetenz auf neue Situationen einstellen können. Es macht ihnen wenig aus, zwischen verschiedenen Tätigkeiten zu wechseln oder mehrere Dinge gleichzeitig zu bearbeiten. Diese Personen haben keine Versagensängste und sehen neue Aufgaben oder Anforderungen nicht als unüberwindbaren Berg von Schwierigkeiten. Sie tun Dinge, die sie noch nicht gemacht haben und glauben an sich und den eigenen Erfolg. Die Bewertung von anderen ist sekundär.

Übersteigerung bei diesem Merkmal bedeutet, dass die betreffenden Personen nie Probleme wahrnehmen und so auch reale Schwierigkeiten übersehen. Sie gehen an neue und unbekannte Anforderungen vielfach zu unbekümmert

---

[2] Matthias Herzog, Spitze sein, wenn's drauf ankommt. München, 2010.

heran, weil sie sich über eventuelle Hindernisse keine Gedanken machen. Häufig sind Menschen, die diesbezüglich vor nichts Angst haben und sich dabei selbst überschätzen, von der Erziehung her Prinzen oder Prinzessinnen, denen man einfach immer alles zutraute.

Ein **Defizit** liegt dann vor, wenn eine Person sich über auftretende Probleme übertrieben viele Gedanken macht und Schwierigkeiten mit dem Anfang einer Tätigkeit hat. Dadurch kann die Leistungsfähigkeit sinken. Neue Aufgaben werden vor sich her geschoben, das Festhalten an einer bestimmten Aufgabe dagegen gibt Sicherheit. Sie haben Angst vor Ablehnung und Veränderungen, die sie nicht einschätzen können. Negative Ereignisse oder Erfahrungen überschatten daher neue Taten. Die negative self-fullfilling prophecy nimmt ihren Lauf. Das Schlimme daran ist, dass die negative Grundhaltung die Chance auf Erfolg verhindert. Die Entstehung von Leistungsangst wurde dabei maßgeblich durch negative Elternbotschaften geprägt wie: „Das kannst Du nicht, das wirst Du niemals schaffen, Du Versager kannst gar nichts!“

Sollten Sie bei sich selbst oder Ihren Mitarbeitern feststellen, dass ein übersteigertes oder defizitäres Verhalten in diesem Punkt vorliegt, dann suchen Sie das Gespräch mit einer Person Ihres Vertrauens bzw. coachen Sie Ihre Mitarbeiter in einer realistischen Einschätzung. Dieser Faktor kann dadurch positiv gestärkt werden, indem man die Dinge, vor denen man z. B. Angst hat, systematisch immer wieder anstrebt und übt. Übung macht hier wirklich den Meister! Machen Sie sich und anderen Mut, jederzeit aus der eigenen Komfortzone herauszugehen und sich neuen Herausforderungen zu stellen. Nur wer mutig und offen ist, wird sein Verhaltensrepertoire erweitern. Wandeln Sie mögliche Angst in Handlung um! Ersetzen Sie Furcht vor Ablehnung oder einer möglichen Katastrophe durch Zuversicht und Glauben an sich selbst. Feiern Sie gedanklich mögliche Erfolge und glauben Sie an sich und Ihre Mitarbeiter! Sie werden fast immer Recht behalten.

6. Merkmal „Selbstmotivation und Einsatzbereitschaft"

Dieses Merkmal erfasst einen wesentlichen Aspekt der Leistungsmotivation. Es gibt darüber Auskunft, wie sehr für eine Person Leistungsanforderungen motivierend wirken. Dabei sind nicht eventuelle Belohnungen oder Vorteile nach Erfolgen ausschlaggebend, sondern das Erreichen des Erfolges selbst. Die Auseinandersetzung mit einem eigenen Gütemaßstab wirkt intrinsisch motivierend. Fleiß und ein hohes Anspruchsniveau sind dabei kennzeichnend.

Die Einsatzbereitschaft ist **positiv** ausgeprägt, wenn sich Personen mit ihrer Funktion und ihrer Tätigkeit, aber auch mit dem Unternehmen selbst identifizieren. Harte Arbeit wird als Herausforderung und Ansporn empfunden. Es wird versucht, Ziele mit Ausdauer und Einsatz zu erreichen. Dabei werden Ziele nicht aus Statusgründen angestrebt, sondern aus Gründen der Leistungsrückmeldung. Erfolge werden angestrebt, weil diese Personen die Auseinandersetzung mit einem Gütemaßstab suchen und vor sich selbst ihre Leistungsfähigkeit unter Beweis stellen wollen. Das Anspruchsniveau an sich selbst ist entsprechend hoch, aber nicht unrealistisch. Anders formuliert: Hoch leistungsmotivierte Personen setzen sich selbst anspruchsvolle Ziele. Erfolge werden den eigenen Fähigkeiten zugeschrieben und mit entsprechendem Stolz erlebt. Misserfolge demotivieren nicht, sie werden der mangelnden Anstrengung zugeschrieben – was bei erneuten Anforderungen zu erhöhtem Bemühen führt.

Eine **Übersteigerung** in diesem Merkmal kann jedoch nachteilig sein. Diese Personen legen zu viel Wert auf die eigene Leistungsfähigkeit, die sie sich ständig wieder neu beweisen müssen. Darunter können wichtige soziale Kompetenzen leiden, weil für diese Personen nichts zählt als ständige Herausforderungen und Erfolge vor sich selbst. Wenn Sie dies bei sich selbst oder anderen feststellen, suchen Sie das Gespräch und versuchen Sie, den übertriebenen Ehrgeiz zu minimieren. Weniger ist manchmal mehr!

Bei einem **Defizit** fehlen häufig wichtige innere Antriebskräfte. Herausforderungen gelten wenig oder nichts, es fehlt an Ansprüchen an sich selbst. Entsprechend gering sind die Selbstmotivation und die Bereitschaft, sich anzustrengen. Wenn Sie bei sich selbst oder einem Ihrer Mitarbeiter feststellen, dass dieser Wert negativ ist, versuchen Sie die Ursache herauszufinden. Versuchen Sie herauszufinden, welche Träume und Ziele Sie oder der Andere haben. Was fehlt derzeit, um die Motivation zu empfinden? Was würde motivieren oder hat in der Vergangenheit motiviert? Häufig hilft ein intensives Nachdenken hierüber oder das Gespräch mit einer Person des Vertrauens.

Wenn Sie allerdings feststellen, dass die Demotivation nicht nachlässt, ist es Zeit für einen Change. Was dies bedeutet, müssen Sie als Führungskraft für sich selbst oder Ihre Mitarbeiter entscheiden. Wenn z. B. ein Mitarbeiter trotz Gespräch und viel Motivation nicht mitzieht, muss man konsequent sein und sich gegebenenfalls voneinander trennen.

7. Merkmal „Orientierung an Vorbildern"

Mit diesem Merkmal wird ein weiterer Aspekt der Leistungsmotivation angesprochen. Es wird dadurch erfasst, ob Leistungsvergleiche mit anderen Personen stattfinden und ob sich hohe Leistungen von anderen als Maßstab für das eigene Leistungsniveau auswirken. Lernen am erfolgreichen Modell führt zu einer hohen intrinsischen Motivation, die sich in gezeigtem Leistungs- bzw. Nachahmungsverhalten äußert.

Das Merkmal ist **positiv** ausgeprägt, wenn andere erfolgreiche Personen als Vorbild dienen. Erfolge anderer werden als Ansporn für die eigenen Leistungen gesehen, wobei dieser Ansporn weniger selbstmotivierend, sondern eher nacheifernd und ausdauernd wirkt. Erfahrungen anderer werden für sich selbst genutzt und verarbeitet. Dies bedeutet, dass man vor den Leistungen anderer nicht die Augen verschließt und sich dem daraus resultierenden Anforderungsniveau anpassen kann. Die Fähigkeiten anderer werden geachtet.

Ist dieses Merkmal im Bereich der **Übersteigerung** ausgeprägt, kann es aber auch bedeuten, dass man sich bei gleichzeitig fehlender Eigenmotivation zu stark an anderen orientiert und sich so von ihnen abhängig macht. Das „Schielen" auf die Leistungen anderer wird dann zum alles bestimmenden Faktor und es mangelt an eigenen Ansprüchen.

Eine Ausprägung im **Defizitbereich** gibt dagegen Hinweise auf eine mangelnde Beachtung des sozialen beruflichen Umfeldes. In diesem Fall hat die betreffende Person keine Vorbilder. Die Leistungen anderer werden nicht zur Kenntnis genommen oder sie bleiben ohne Auswirkungen auf das eigene Anspruchsniveau. Erfahrungen anderer werden nicht für sich selbst verarbeitet.

Wenn Sie bei sich und anderen übersteigerte oder defizitäre Verhaltensweisen entdecken, suchen Sie das Gespräch und geben Sie sich gegenseitig Feedback. Erfolg ist gut, ausgewogenes Lernen am Modell kann sinnvoll sein, bleiben Sie aber dabei bei sich und verbiegen Sie sich und andere nicht. Jeder Mensch hat seine Ressourcen und Fähigkeiten. Lernen am Modell ist gut, aber nicht auf Kosten der Aufgabe der eigenen Identität und Persönlichkeit.

8. Merkmal „Gelassenheit im Berufsleben"

Bei diesem Merkmal wird ein bestimmter Aspekt der Zufriedenheit mit den Umständen der Berufsausübung erfasst, der darauf zurückzuführen ist, wie sehr sich jemand von den äußeren Bedingungen und Gegebenheiten seiner Tätigkeit gestört fühlt bzw. ob er sie akzeptieren kann oder nicht. Dazu gehört auch die Einstellung gegenüber Vorgesetzten.

Das Merkmal ist **positiv** ausgeprägt, wenn Umstände und Randbedingungen der beruflichen Tätigkeit, die neben dem eigentlichen Aufgabenfeld eigene Aktivität verlangen, als notwendig gesehen und akzeptiert werden, z. B. das Erstellen von Protokollen, Berichten, Zahlenübersichten, Aktivitätsreports oder Präsentationen für wichtige Meetings. Sie werden für die Berufsausübung als dazugehörend akzeptiert und gelassen hingenommen. Die Rolle der Vorgesetzten wird anerkannt und die Grundhaltung ist kooperativ.

Eine **Übersteigerung** bedeutet bei diesem Merkmal, dass in unreflektierter Weise alles als gleich wichtig wahrgenommen wird. Dies kann zur Pedanterie bei Randtätigkeiten führen.

Im Bereich des **Defizits** werden diese äußeren Umstände als unwichtig, überflüssig oder lästig bewertet. Dazu gehört auch die Ansicht, dass Vorgesetzte nichts oder wenig von der Praxis verstehen. Gleichzeitig klingt dabei eine egozentrische Sichtweise an. Da es an einem gelassenen Umgang mit den Rahmenbedingungen der Tätigkeit mangelt, ist eine erhöhte Anfälligkeit für Unzufriedenheit im Beruf gegeben.

Falls Sie bei sich oder Ihren Mitarbeitern übersteigerte oder defizitäre Ausprägungen feststellen, hinterfragen Sie in einem Gespräch, wie eine Zusammenarbeit optimal gewährleistet ist und was Sie tun können, um hier ausgleichend und motivierend zu agieren.

Match-Sense: Wahrnehmungsvorlieben

Der zweite Test heißt Match-Sense und filtert Ihre Vorlieben bei der eigenen Wahrnehmung heraus. Die Basis für dieses Verfahren bilden die Erkenntnisse von Thomas Rückerl, V.I.E.L. Coaching & Training. Der Match-Sense analysiert die individuelle Ausprägung in drei Repräsentationssystemen (siehe nachstehende Tabelle).

Die drei Repräsentationssysteme des Match-Sense

- Visuell – Sehen
- Auditiv –Hören
- Kinästhetisch – Fühlen

Die Kenntnis über die eigenen Wahrnehmungsvorlieben hilft, sich selbst und andere besser zu verstehen. Visuelle sind offen für freundliche Gesichter, Bilder und Farben, Auditive lieben das Ernste, Zahlen, Daten und Fakten und Kinästheten sind Gefühlsmenschen, sie lieben die Ruhe, Wärme, Entspannung. Alle drei Typen ticken unterschiedlich, darin liegt häufig die Ursache für mangelndes kommunikatives Matching. Der Visuelle will z. B. erst einmal ausführlich über seine „gesehenen" Erfahrungen berichten, während der Auditive dies gar nicht hören will. Die Stimmung des Visuellen geht durch knappe, ernste Kommentare nach unten, er mag aber die gezeigte freundliche Wertschätzung, während der Auditive das wiederum unsinnig findet nach dem Motto: „So lange ich nicht tadle, ist das Lob genug!" Aufgrund dieser und ähnlicher Situationen entstehen Konflikte. Weil die Repräsentationssysteme so unterschiedlich sind, reden diese Menschen meist aneinander vorbei.

Thomas Rückerl hat diesen Test erstmalig in seinem Buch „Sinnliche Intelligenz"[3] beschrieben. Da ich von ihm als Business Coach ausgebildet wurde, erhielt ich die Erlaubnis, die Instrumente anzuwenden und konnte so den Test als Onlineverfahren weiterentwickeln. In meiner Arbeit als Trainerin und Coach habe ich das Verfahren individualisiert, wodurch es dem Anwender möglich ist, seine Wahrnehmungsvorlieben und Lernprozesse anhand eines Gutachtens zu erkennen.

Insgesamt werden 16 Aussagen bewertet und den drei Bereichen „Visuell", „Auditiv" und „Kinästhetisch" zugeordnet. Die Testperson erkennt, welche Wahrnehmungskanäle bei ihr dominieren. Die Ergebnisse werden in einer Rangfolge dargestellt. Jeder Bereich wird von seiner positiven Ausprägung beschrieben und erläutert den eigenen kommunikativen Wahrnehmungsprozess. Wenn z. B. ein Testant stark auditiv geprägt ist, besteht sein mög-

3 Thomas Rückerl, Sinnliche Intelligenz, Junfermann 1999.

licher Lernprozess darin, visuelle Gesprächspartner und deren Wahrnehmungsvorlieben nicht zu verurteilen, sondern die Stärken und Ressourcen der anderen kommunikativ meist ausführlichen Landkarte zu akzeptieren und sich toleranter darauf einzustellen. Der Auditive muss akzeptieren, dass er im Umgang mit anderen Landkarten toleriert, dass sie „anders" sind und vor allem eines in seiner sprachlichen Kommunikation berücksichtigt: Wertschätzung, Respekt und Geduld anderen Menschen gegenüber. Visuelle müssen hingegen lernen, ihre Redeart durch Kürze und Prägnanz auf das Ohr des Auditiven einzustellen.
Der Kinästhet erhält in der Auswertung ebenfalls hilfreiche Hinweise, wobei diese Landkarte meist eine hohe Akzeptanz bei den beiden anderen Repräsentationssystemen findet, da dieser Typ menschlich sehr offen ist.

Die Entwicklung von Match-Sense ist u. a. den Forschungsergebnissen von John Grinder und Richard Bandler zu verdanken. Sie haben in den USA herausgefunden, dass die sprachlichen Vorlieben von Menschen über sogenannte Augenmusterbewegungen parallel zu der Kommunikation zu erkennen sind. John Grinder war zu dem Zeitpunkt ein junger Professor für Linguistik und Richard Bandler ein Informatik-Student. Beide waren als Gestalttherapeuten tätig und ihre Kenntnisse bilden eine Basis für unseren Match-Sense-Test und das beschriebene Matching-Modell. Hier zeigt sich, wie die unterschiedlichen Landkarten visuell, auditiv und kinästhetisch durch magische Worte angesprochen werden. Die magischen Worte führen dazu, dass sich das Auge, Ohr und Gefühl des Gegenübers wohlfühlt. Dies ist eine außerordentlich gute Methode, um Mitarbeiter oder Gesprächspartner zu motivieren und in eine gute Schwingung zu versetzen.
Ziel der von Grinder und Bandler entwickelten Methode ist es, mit Hilfe des sogenannten „Neurolinguistischen Programmierens" (NLP) die menschliche Kommunikation erfolgreicher zu gestalten und Schwierigkeiten schneller zu lösen. Diese Methode hilft, Toleranz und Wertschätzung anderen Menschen gegenüber zu entwickeln und führt ferner dazu, die eigene Kommunikation deutlich zu verbessern und den Anderen noch besser zu verstehen. Dies geschieht über die Verbindung von Gehirn, Sprache und gezieltem Training, sogenannter programmierter Sprache. Video- und Tonaufzeichnungen helfen, Verhalten und Sprache bis ins kleinste Detail zu analysieren, um Prozesse zu verdeutlichen.

Die einmalige Chance dieses Modells besteht darin, dass Gesprächspartner sich wesentlich besser aufeinander einstellen und miteinander reden können. Näheres hierzu finden Sie in Kapitel III „Verbesserung der Menschenkenntnis“ unter „Sinnesspezifische Redewendungen“. Wenn ich weiß, wie ich ticke sowie welche Sinneskanäle bei meinem Gesprächspartner stark ausgeprägt sind und ich meine Sprache darauf ausrichte, fühlt sich der Andere angesprochen und „geht mit“!
Aus diesem Grunde kann Match-Sense Ihnen dabei helfen, Ihre Präsentation und Kommunikation auf mögliche Sprachmuster abzustimmen und sich jederzeit optimal auf den Anderen einzustellen.

Anleitung Match-Sense: Welcher Wahrnehmungstyp bin ich?

Sie werden in der Einleitung zum Test gebeten, bei 16 Hauptaussagen (Satzanfänge) jeweils drei Untersätze auf sich selbst zu beziehen und bei der Beantwortung entweder maximal zehn Punkte auf die drei Unteraussagen oder auch alle zehn Punkte auf ein Kästchen zu verteilen (im letzteren Fall geben Sie in den anderen beiden Kästchen eine Null ein). Die Untersätze beschreiben visuelle, auditive und kinästhetische Aspekte. Am Ende werden die 160 zu vergebenen Antwortpunkte auf die drei Wahrnehmungsausprägungen verteilt. Die Verteilung Ihrer vergebenen Punkte führt dazu, dass Ihre Wahrnehmungsvorlieben deutlich werden. Das Programm errechnet Ihre Vorlieben und beschreibt anhand eines Gutachtens Ihre individuelle Ausprägung sowie mögliche Lernziele. Das Gutachten beschreibt Sie selbst und gibt Ihnen zudem zahlreiche Tipps für den souveränen Umgang mit einer anderen Landkarte.

Sollten Sie Ihre Mitarbeiter testen, können Sie diese basierend auf dem leicht verständlichen Gutachten mit den entsprechenden Maßnahmen coachen. Die Tipps sind sehr gut auf Alltagssituationen übertragbar und helfen Ihnen, Ihre Mitarbeiter gezielt weiterzuentwickeln. Auf jeden Fall helfen die Interpretationen, den Anderen und seine Lernziele besser zu verstehen. So kommen z. B. visuelle Mitarbeiter besser mit bestimmten visuellen Kundentypen zurecht.

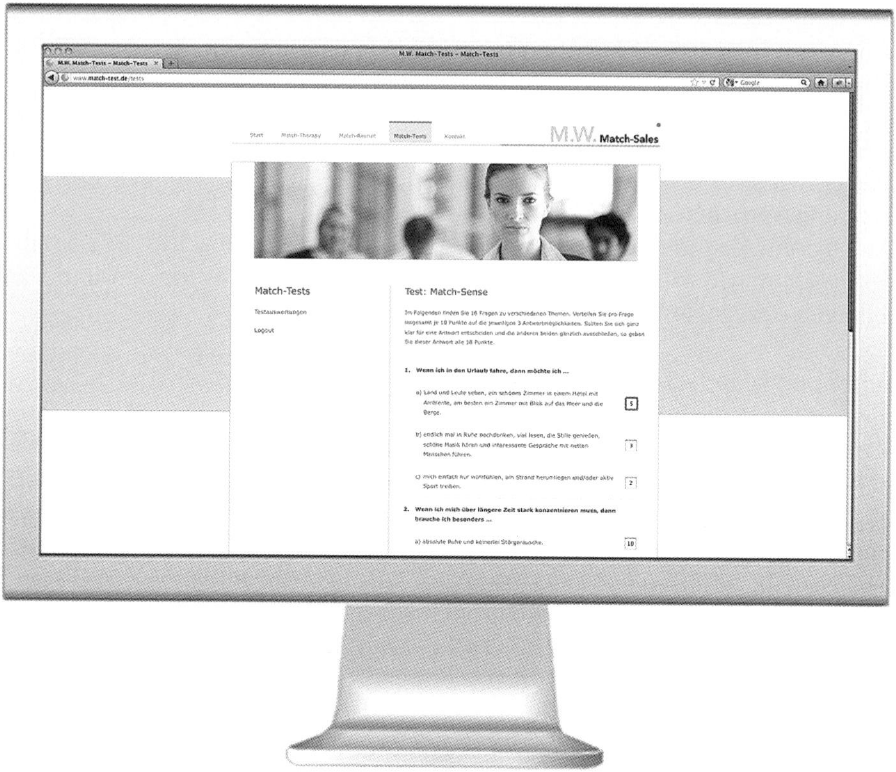

Nachstehend werden die vier möglichen Kombinationen anhand von Beispielen kurz beschrieben. Die im Match-Sense aufgeführte Interpretation ist im Gutachten wesentlich ausführlicher als in diesem Buch beschrieben.

Beispiel 1: Kinästhetischer Visueller

Visuell (Sehen):	Test-Wert 65
Kinästhetisch (Fühlen):	Test-Wert 55
Auditiv (Hören):	Test-Wert 40

Sie sind in diesem Fall ein kinästhetischer Visueller. Sie sind ein Mensch, der Farben, Bilder, ausführliche Kommunikation, lächelnde Gesichter und Gefühle braucht, um sich wohl zu fühlen. Zahlen, Daten, Fakten und Nüchternheit mögen Sie nicht besonders! Wenn Sie auf Gesprächspartner stoßen, die kurz, knapp, ernst vom Gesichtsausdruck und eher introvertiert sind, fühlen Sie sich nicht besonders wohl. Da Sie eher die ausführliche, entspannte Kommunikation mit viel Zeit lieben, sollten Sie darauf achten, Ihren Redeanteil im Gespräch mit Auditiven auf die wesentlichen Aspekte zu reduzieren und im Gespräch aktiv zuzuhören. Geduld ist nämlich eine Eigenschaft, die der Auditive nicht hat.

Stark auditiv geprägte Gesprächspartner, wie z. B. Steuerberater, Wirtschaftsprüfer, Anwälte, Ärzte, gehören wahrscheinlich nicht zu Ihren Lieblingen. Der Lernprozess für Beispiel 1 ist das Akzeptieren der „ZDF"-Landkarte (Zahlen, Daten, Fakten/Kürzer auf den Punkt sprechen!) Gezieltes Training hilft hier, sich von der eigenen Form der Kommunikation auf die andere Landkarte einzustellen, z. B. Redeanteile zu verkürzen, ruhig und tief zu sprechen und sich auf den Anderen respektvoll einzustellen. Weitere Erläuterungen hierzu finden Sie in Kapitel III.

Beispiel 2: Kinästhetischer Auditiver

Auditiv (Hören):	Test-Wert 75
Kinästhetisch (Fühlen):	Test-Wert 65
Visuell (sehen):	Test-Wert 20

Sie sind ein kinästhetischer Auditiver, der großen Wert auf Zahlen, Daten und Fakten legt. Ihr Lieblingsmotto lautet: „In der Kürze liegt die Würze!" Langsamkeit ertragen Sie nur schwer, ein gutes und effizientes Zeitmanagement ist sehr wichtig für Sie. Redundanzen sind Ihnen ein Gräuel, Sie wollen nur eins: dass Ihr Gesprächspartner auf „den Punkt" kommt. Sie mögen ebenfalls bequeme Kleidung, gutes Essen, Wärme und die Entspannung nach einem anstrengenden Tag. Ihr Lernziel liegt im Ertragen von Langsamkeit und in der Toleranz, dass visuelle Menschen gern abschweifen, weil die Farben und Bilder sie so begeistern.

Wenn Sie Mitarbeiter haben, die ungeduldige „ZDF"-Typen sind, erläutern Sie die Wichtigkeit von Charme und Empathie in einem Gespräch. Ziel sollte es auch für den Auditiven sein, einen guten Konsens mit potenziellen Gesprächspartnern, z. B. Kunden, zu finden. ZDF-Typen müssen lernen, mit mehr Geduld und Toleranz auf z. B. visuelle Gesprächspartner einzugehen.

Wenn Sie selbst eine auditive Führungskraft sind, achten Sie bei Ihren Führungsgesprächen darauf, dass Mitarbeiter, die visuelle Kinästheten sind, etwas anderes brauchen als Sie – nämlich: Bilder, Geduld, ein Lächeln und Wertschätzung!

Beispiel 3 Visueller Kinästhet

Kinästhetisch (Fühlen):	Test-Wert 69
Visuell (Sehen):	Test-Wert 58
Auditiv (Hören):	Test-Wert 33

Sie sind in diesem Fall ein visueller Kinästhet und ein Mensch, der Gefühle, Bequemlichkeit (gemütliche Kleidung, gutes Essen) und eine gute Atmosphäre braucht, um sich wohl zu fühlen. Ebenfalls mögen Sie Bilder und Farben. Das Akzeptieren von Nüchternheit, Zahlen, Daten, Fakten, Aktives Zuhören und ein effektives Zeitmanagement könnten mögliche Lernziele sein.

Wenn Sie Menschen begegnen, die anders sind als Sie und zu dem bereits beschriebenen „ZDF"-Typ gehören, entspannen Sie sich. Nehmen Sie diese eher ernste Landkarte mit Humor wahr und versuchen Sie mit einer charmanten Souveränität, die ernste Landkarte des Gegenübers zu entspannen.

Wenn Sie Mitarbeiter haben, die gefühlvolle Visuelle sind, können Sie erst einmal aufatmen. Diese Personen sind angenehm in der Führung und meist sehr teamorientiert. Coachen Sie Ihre Mitarbeiter darin, Toleranz und Souveränität im Umgang mit der „ZDF"-Landkarte zu entwickeln. Ebenfalls sollte diese eher gefühlsbetonte Landkarte lernen, nicht alles so tierisch ernst zu nehmen.

Beispiel 4 Auditiver Kinästhet

Kinästhetisch (Fühlen):	Test-Wert 80
Auditiv (Hören):	Test-Wert 60
Visuell (Sehen):	Test-Wert 20

Sie sind in diesem Fall ein auditiver Kinästhet. Sie sind ein Gefühlsmensch, der die Bequemlichkeit, gutes Essen, eine gute Atmosphäre, aber auch Zahlen, Daten, Fakten liebt. In der Kommunikation kommen Sie schnell auf den Punkt und gehen davon aus, dass dies bei anderen Menschen auch so ist. Visualität und das souveräne Umgehen mit diesem Repräsentationssystem könnte Ihr Lernziel sein, d. h., Sie sollten lernen, Geduld in Gespräche mit visuellen Gesprächspartnern einzubringen. Akzeptieren Sie in Ihrer Kommunikation, dass es Menschen gibt, die außer Zahlen und Gemütlichkeit auch Bilder, einen gepflegten Rahmen und gute Gerüche brauchen, um sich wohl zu fühlen und Inhalte zu verstehen.

Wenn Sie Mitarbeiter haben, die so ausgeprägt sind wie Sie, sollten Sie sich gegenseitig coachen, d. h. Ihre Mitarbeiter müssen akzeptieren, dass sie sich flexibel und tolerant auf eine visuelle Landkarte einstellen müssen. Auditive Kinästheten legen beispielsweise wenig Wert auf ihr Äußeres oder auf gute Essmanieren sowie Umgangsformen, dies ist ihnen meist nicht so wichtig. Ein visueller Kunde könnte es allerdings als wenig wertschätzend empfinden, wenn z. B. der Dresscode oder wichtige Umgangsformen nicht eingehalten werden.

Tipp: Motivieren Sie über Respekt und Wertschätzung

Seien Sie aufmerksam und bewusst im Umgang mit der anderen Landkarte und stellen Sie sich darauf respektvoll und wertschätzend ein. Wenn Sie oder Ihre Mitarbeiter so vorgehen, werden Sie gute Ergebnisse erzielen.

Match-Home: Heimatgebiete und Bedürfnisse

Der dritte Test filtert Ihre sogenannten Heimatgebiete und Bedürfnisse im Umgang mit anderen heraus. Die Grundlagen für dieses Verfahren bilden die Erkenntnisse der beiden Kommunikationspsychologen Riemann und Thomann, die das sogenannte Riemann-Thomann-Modell entwickelt haben.

Das Riemann-Thomann-Modell

> *Grundsätzlich lassen sich nach Fritz Riemann (1975) und Christoph Thomann (1988) vier gegensätzliche Grundausrichtungen des Menschen beobachten. Alle vier Grundausrichtungen kommen bei jedem Menschen in unterschiedlicher Ausprägung vor. Aber meistens sind zwei oder manchmal nur eine dieser Ausrichtungen maßgebend für das aktuelle Empfinden und Verhalten. Diese Grundausrichtungen haben einen direkten Einfluss auf das Kommunikations- und Beziehungsverhalten.*[4]

Das Riemann-Thomann-Modell beschäftigt sich mit den Heimatgebieten von Menschen und den damit verbundenen Bedürfnissen und Ängsten, wenn die Heimatgebiete nicht angetroffen werden. Match-Therapy arbeitet mit diesem Modell in Verbindung mit der Kommunikationsstrategie von Prof. Schulz von Thun und hat wirksame Sprachmuster für die Motivationsstrategien von Führungskräften entwickelt, die darauf beruhen.
Ziel ist es, als Führungskraft die Gesprächspartner in der jetzigen und späteren Phase so zu führen, dass die individuellen Heimatgebiete und Repräsentationssysteme Berücksichtigung finden. In Kapitel III finden Sie Anregungen, um zukünftige Gespräche so zu gestalten, dass der Verlauf optimal ist. Dieses „Gefühl“ wird dazu führen, dass bei einer späteren Verhandlung mit Ihnen die Entscheidung „für Sie“ fast immer positiv verläuft. Genau darauf zielt dieses Modell ab.

---

[4] http://wikipedia.org/wiki/Riemann-Thomann-Modell.

Riemann und Thomann verknüpfen in ihrem Konzept zwei Achsen: Eine Raumachse mit den Polen „Nähe“ und „Distanz“ und eine Zeitachse mit den Polen „Dauer“ und „Wechsel“.

Alle Menschen haben Bedürfnisse in jede dieser vier Richtungen, doch die Ausprägung dieser einzelnen Bedürfnisse ist bei jedem Menschen verschieden. Da die Raumachse Nähe/Distanz als auch die Zeitachse Dauer/Wechsel jeweils sich widersprechende Bedürfnisse enthalten, kommt es zwangsläufig zu einem Spannungsverhältnis. Diese Spannung der eigenen Bedürfnisse bewusst zu kennen, um sie dann mit den Bedürfnissen der Mitmenschen intelligent zu kombinieren (Win-Win), ist eine lebenslange Herausforderung für jeden Menschen.

Durch die Kombination der zwei Achsen (Raumachse Nähe/Distanz und Zeitachse Dauer/Wechsel) entstehen vier Quadranten, die unterschiedliche „Seelenwelten" repräsentieren. Jeder Quadrant hat von jedem der vier Bedürfnisse etwas – aber in unterschiedlichem Ausmaß. Das Seelenleben und das menschliche Miteinander werden dadurch, dass auch immer das jeweilige Gegenteil mitschwingt, interessant und zugleich kompliziert.

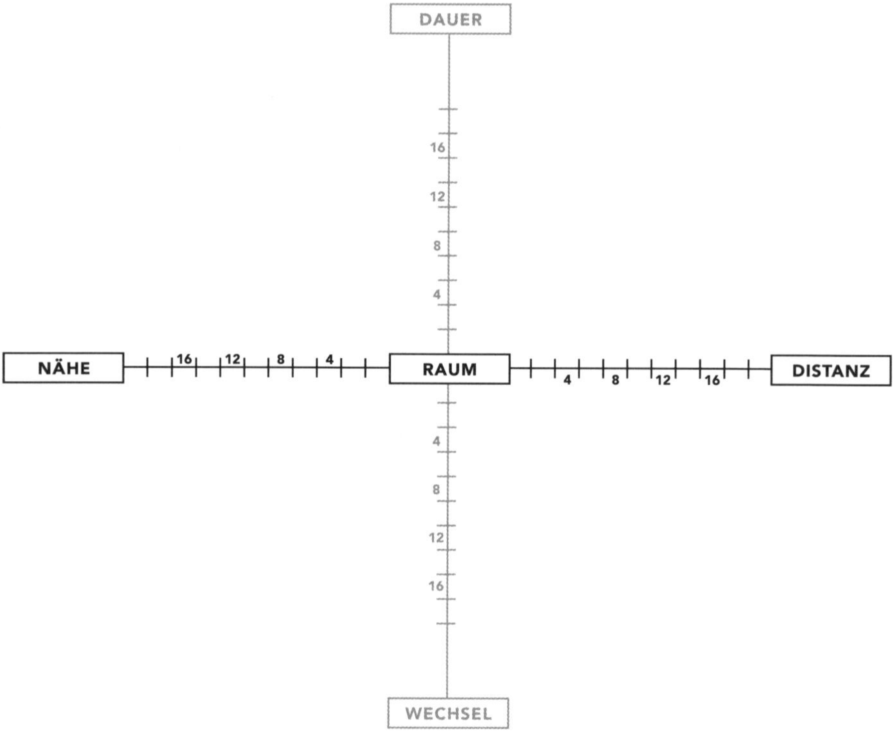

Raumachse Nähe/Distanz

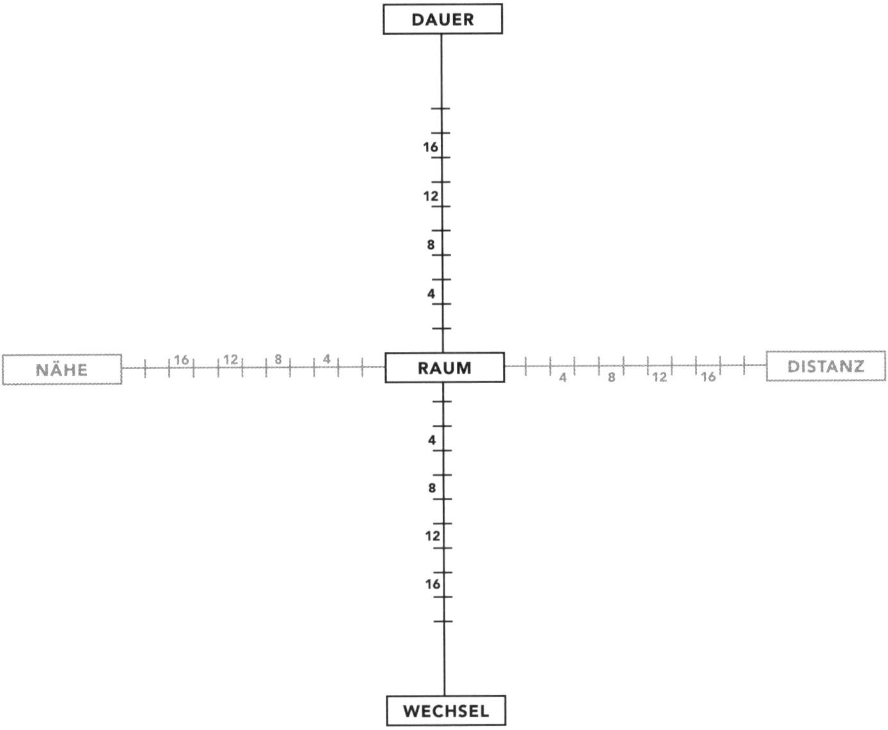

Zeitachse Dauer/ Wechsel

- **Nähe-Typen** brauchen Menschen um sich herum, Geborgenheit, Gefühle, Emotionen, Harmonie und Liebe. Sie hassen das Alleinsein und legen sehr viel Wert auf den persönlichen Kontakt. Im Extremfall werden sie depressiv, wenn sie die Nähe nicht bekommen
- **Distanzmenschen** lieben die Einsamkeit und fällen ihre Entscheidungen am liebsten allein. Sie hassen oft die Zweisamkeit und zwischenmenschliche Kommunikation. Im Extremfall werden sie verletzende Psychopathen.
- **Dauermenschen** lieben das Bewährte, die Sicherheit und Ordnung sowie klare Regeln. Sie sind sparsam und hassen jegliche Veränderung. Im Extremfall werden sie zwanghaft.

- **Wechselmenschen** brauchen im Gegenzug Aktion, Veränderung, Spaß und lieben den Wechsel. Stagnation und Festhalten an Altem machen sie krank. Im Extremfall werden sie hysterisch, wenn man ihnen den Freiraum für die Veränderung nimmt.

Dieses Modell geht davon aus, dass Menschen bestimmte Grundbedürfnisse für ihr Privat- und Berufsleben haben, die – wenn sie keine Erfüllung finden – zu echten Problemen im emotionalen Bereich führen können.
Riemann und Thomann haben sich in ihrem verhaltenstherapeutischen Modell sehr stark mit den Bedürfnissen und Ängsten von Menschen beschäftigt. Sie haben mit diesem Modell sehr eindrucksvoll verdeutlicht, wie wichtig es ist, die eigenen Vorlieben und Gewohnheiten sowie das Durchbrechen derselben und damit verbundene Ängste und Entwicklungsprozesse zu erkennen.

Ich selbst arbeite mit diesem Modell im Coaching, speziell dann, wenn ich Coachees habe, die stark demotiviert sind und auch teilweise unter Burnout leiden. Die Erkennung der eigenen Ausprägung der Heimatgebiete hilft, Veränderungsprozesse einzuleiten. Häufig ziehe ich ein Ärzteteam hinzu, das im Bereich Burnout das Coaching je nach Schweregrad mit medizinischen Behandlungen unterstützt.
Ziel des Verfahrens Match-Home in Verbindung mit den beiden anderen Tests ist es, den Landkarten anderer Menschen mit mehr Toleranz und Humor zu begegnen.

Jedes Heimatgebiet hat Ressourcen, aber auch Lernziele. Daher ist Match-Home sehr wertvoll, um sowohl an der eigenen Weiterentwicklung und „Komfortzone" zu arbeiten, als auch in einem Team die Bedürfnisstrukturen der Kollegen oder Mitarbeiter einschätzen und verstehen zu können. Die Kenntnisse über die eigene Ausprägung helfen, die eigenen Stärken und Lernprozesse zu erkennen, die mit dem jeweiligen Heimatgebiet verbunden sind. Im Bereich der Führung hilft Ihnen Match-Home, die Heimatgebiete eines Mitarbeiters besser zu verstehen und führt bei bewusster Berücksichtigung zu einer deutlichen Verbesserung der Kommunikation und einer höheren Landkartentoleranz. Jede Stärke beinhaltet auch eine Schwäche. Ihre Landkarte ist nicht die Welt! Seien Sie tolerant! Erkennen Sie die Ressourcen und Fähigkeiten eines Mitarbeiters, der eventuell anders ist als Sie. In jeder

Eigenschaft steckt eine positive Absicht (fast immer), man muss sie nur entdecken.

Achten Sie daher bei Ihren Gesprächen mit Mitarbeitern darauf, welche dieser Heimatgebiete sie haben. Stellen Sie sich dann auf die Menschen „sprachlich ein"!

Für den erfolgreichen Coaching-Prozess liefert dieses Verfahren sehr fundierte und wertvolle Führungshinweise. Wenn Sie als Führungskraft Abteilungen zusammenstellen, achten Sie darauf, dass Sie Mitarbeiter mit passenden Heimatgebieten in den jeweiligen Abteilungen optimal kombinieren.

Distanz-Typen möchten alleine arbeiten und schätzen unabhängiges sowie eigenverantwortliches Arbeiten. Nähe-Typen sind gern auf engstem Raum mit anderen zusammen, sie brauchen den Kontakt zu anderen Menschen. Wechsler sind weltoffene Kontakter, sie brauchen Aktion und sind am liebsten unterwegs. Der Dauer-Typ hingegen ist glücklich, wenn er immer wieder das Gleiche machen muss, daher sind diese Personen ideal in Abteilungen, in denen es immer wiederkehrende Arbeiten gibt.

Einteilungen von Mitarbeitern, je nach Ausprägung

Dauer-Typ:	Controlling, Sachbearbeitung
Wechsel-Typ:	Marketing, Vertrieb, Außendienst, Unternehmenskommunikation, PR
Distanz-Typ:	Controlling, Vertragswesen, Sachbearbeitung
Nähe-Typ:	Innendienst, Außendienst, Marketing, PR

Tipp: Achten Sie die Bedürfnisse Ihrer Mitarbeiter

- Der Distanz-Typ ist gern allein, der Dauer-Typ kann je nach Nähe-Ausprägung mit anderen Mitarbeitern gut zusammen arbeiten.
- Nähe- oder Dauer-Typen sind sehr zuverlässig und angenehm in der direkten Führung.
- Der Wechsler ist gern unterwegs, daher nur sehr schlecht „einzufangen", ihn muss man an der langen Leine führen.
- Distanzierte Wechsler sind sehr schwer zu führen, da sie meist machen, was sie wollen.

Wenn Sie dieses Modell in Ihrer Führungsarbeit berücksichtigen, werden Sie mit Fluktuation und Frust jederzeit souverän und erfolgreich umgehen können.[5]

Anleitung Match-Home

Der Match-Home schließt sich in der Online-Bearbeitung direkt an den Match-Sense an. Sie werden gebeten, 16 Aussagen auf einer Skala von 0–4 zu bewerten.

0	1	2	3	4
stimmt nicht	stimmt etwas	stimmt etwas mehr	stimmt im Prinzip	stimmt völlig

Zu jedem Heimatgebiet werden insgesamt vier Hauptaussagen gemacht, die Sie bitte auf sich beziehen. Die Fragestellung sollte dabei sein: „Inwieweit trifft die Aussage auf mich zu?" Am Ende erhalten Sie ein Testergebnis, das zeigt, welche Ausprägung und Rangfolge Ihre Heimatgebiete bei Ihnen haben.

[5] Übrigens: Die Hintergründe dieses Modells eignen sich auch ideal im Privatleben und helfen bei der richtigen Partnerwahl. Aus einem Distanz-Typen oder Wechsler wird man nie auf Dauer den treuen und liebevollen Ehemann oder Lebenspartner machen. Geben Sie sich da keinen Illusionen hin. Dieser Typ nimmt sich die Dinge, die er braucht und legt sie ab, wenn sie langweilig werden. Der Nähe-Typ hofft ganz im Gegenteil auf die große Liebe, Zuverlässigkeit und Treue und wird auf Dauer mit dem oben beschriebenen Partner nicht glücklich, er oder sie wird in dieser Konstellation verlieren. Hier möchte ich den Rat geben, sich vorher genau zu überlegen, welche Beziehungswünsche man hat. Häufig wird die rosarote Sichtweise bitter enttäuscht. Also, Vorsicht vor Verletzungen! (In Planung: „Das Matchingbook der Liebe")

Beispiel: Der Dauer-/Nähe-Typ

Das nachstehende Beispiel erläutert, wie der Testausdruck zusammengestellt ist. Der Testant erfährt die Rangordnung seiner Heimatgebiete und viele Hintergrundinformationen über die Bedeutung der vorhanden Stärken und möglichen Lernziele. Ziel ist es, das Verständnis für die eigene Landkarte und die möglicher Gesprächspartner zu fördern. Jeder Testteilnehmer erhält wertvolle Tipps, wie er oder sie sein/ihr Verhalten optimieren kann.

1. Dauer	Ergebnis	12
2. Nähe	Ergebnis	11
3. Wechsel	Ergebnis	3
4. Distanz	Ergebnis	2

1. Dauer: Ihr Test-Wert 12

Sie sind ein zuverlässiger Mensch, der die Regelmäßigkeit genauso liebt wie Kontrolle, Planung, Struktur und Stabilität. Sie sind ein Dauer-Typ und möchten am liebsten eines: „Alles soll so bleiben, wie es ist!" Veränderungen und den Wandel mögen Sie nicht so sehr, davor haben Sie unter Umständen Angst. Sie sind äußerst sparsam, umsichtig mit Geldausgaben und wertschätzen Bewährtes.
Anschaffungen, die Sie einmal getätigt haben, hüten Sie und achten sorgsam darauf, all das zu erhalten. Sie sind sehr ordentlich (z. B. CD-Sammlung von A-Z sortiert) und schätzen eingespielte Rituale.

Allerdings hat der oben beschriebene Dauer-Typ auch negative Eigenschaften, die in der übersteigerten Ausprägung zwanghaft sind und bis zur Rigidität gehen können.

Nachstehend sind die positiven Eigenschaften und der mögliche Lernprozess des Dauer-Typen beschrieben. Entscheiden Sie, welche Beschreibungen auf Sie zutreffen und an welchen Entwicklungsfeldern Sie noch arbeiten müssen, um Ihre Souveränität im Umgang mit anderen Menschen zu verbessern. Sie sehen links Ihre positiven Eigenschaften und rechts mögliche Lernziele.

Dauer-Typ	
Positive Eigenschaften	**Möglicher Lernprozess**
Zuverlässigkeit	Flexibilität zeigen
Bodenständigkeit	Offen für Neues sein
Beständigkeit	Die Komfortzone verlassen
Gleichmäßigkeit	Mut zur Veränderung haben
Strukturiertheit	Situativ entstehen lassen
Treue	Rigidität vermeiden
Pünktlichkeit	Fehler verzeihen
Sparsamkeit	Großzügig sein

Ihre möglichen Teamrollen bei starker Ausprägung wären:

- **Konsequenter „Finisher“** – Sie können Prozesse zu Ende bringen und bleiben dran. Sehr gut!
- **Kritischer Controller** – Sie überprüfen gern und vor allem genau die Ergebnisse und achten dabei auf die Kosten.

  Diese Rolle ist sehr wichtig, um wirtschaftliche Flops zu vermeiden.

2. Nähe: Ihr Test-Wert 11

Sie sind ein Nähe-Mensch und brauchen den festen Kontakt zu anderen Menschen. Sie legen großen Wert auf eine enge Bindung und das Gefühl, gebraucht zu werden. Sie sind sehr teamorientiert, hilfsbereit und brauchen Gefühle wie Geborgenheit, Liebe und Wertschätzung. Eventuell neigen Sie dazu, sich selbst bis zur Selbstaufgabe für andere Menschen aufzuopfern.

In der übersteigerten Ausprägung haben Nähe-Menschen extreme Angst vor dem Alleinsein und können sogar im schlimmsten Fall depressiv werden, wenn sie zu viel allein sind. Sie neigen bei zu starker Ausprägung zur Abhängigkeit, da sie ungern allein sind und werden daher nicht selten zu Opfern. Aggressionen entwickeln sich nur selten, diese werden zugunsten der Nähe zu den anderen Menschen unterdrückt.

Nachstehend finden Sie die positiven Eigenschaften und den möglichen Lernprozess des Nähe-Typen beschrieben.

Nähe-Typ	
Positive Eigenschaften	**Möglicher Lernprozess**
Harmonisch	Sich nicht verbiegen
Teamorientiert	Zu seiner Meinung stehen
Liebend	Eigene Bedürfnisse achten
Hilfsbereit	Lernen, Nein zu sagen
Zärtlich	Wünsche formulieren
Vertrauensvoll	Vorsichtig sein
Sozial	An sich selbst denken
Gesellig	Alleinsein aushalten
Verwöhnend	Sich selbst etwas gönnen
Altruistisch	Egoistischer werden
Großzügig	Sorgfältig abwägen

Ihre möglichen Teamrollen bei starker Ausprägung:

- **Hilfsbereiter Teambuilder** – Wer Hilfe sucht, ist bei Ihnen an der richtigen Stelle.
- **Pragmatischer Companyworker** – Sie fassen an, wenn es sein muss.
- **Klimawächter** und Stimmungsmacher
- **Tröster** der „Nation"!

3. Wechsel: Ihr Test-Wert 3

Dieses Heimatgebiet ist bei Ihnen im Vergleich zu anderen gering ausgeprägt. Sie lieben wie vorab erwähnt eher das Bewährte. Die nachstehenden Beschreibungen können Ihnen aber helfen, das Heimatgebiet des Wechslers kennenzulernen und zu verstehen, worauf es diesem Typen ankommt.

Der Wechseltyp liebt generell das Neue, den Wandel und ist ständig auf der Suche nach interessanten Herausforderungen, die Spaß machen. Wechsler sind smart und begeistern mit ihrer Kreativität und Charme andere Menschen. Sie wirken mitreißend und ziehen andere in ihren Bann. Der Wechsler ist ein extrem offener und leicht zu begeisternder Mensch, der eine hohe Flexibilität und Reisefreude empfindet. Er ist ein spontaner Genießer und sieht in jeder neuen Aufgabe die Möglichkeit, seinen Ideenreichtum einzubringen. Die größte Angst, die der Wechsler hat, ist es, stehenzubleiben. Er neigt im schlimmsten Fall zu Hysterie. Der Lernprozess des Wechslers besteht darin, inne zu halten, die Handlungen abzuwägen und Langsamkeit sowie Bewährtes auszuhalten und begonnene Prozesse wirklich abzuschließen.

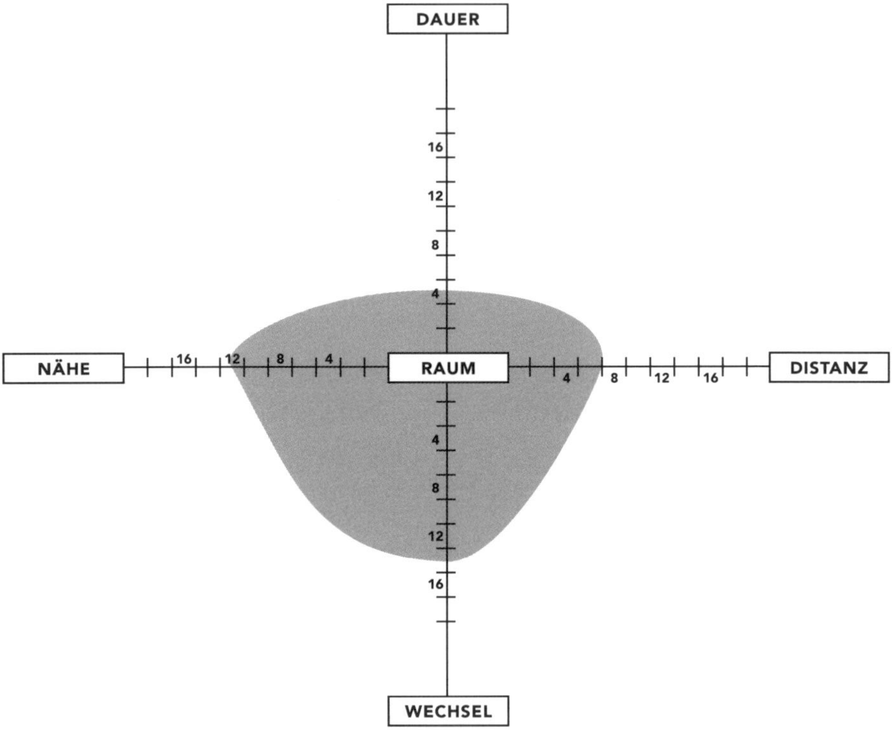

Match-Home: Wechseltyp

Die folgenden Merkmale des Wechsel-Typen helfen Ihnen, Lernfelder zu entdecken, um den Umgang zu den anderen Typen zu verbessern.

Wechsel-Typ	
Positive Eigenschaften	**Möglicher Lernprozess**
Offen für Neues	Begonnenes zu Ende bringen
Hohe Flexibilität	Bewährtes akzeptieren
Kontaktbereitschaft	Oberflächlichkeit vermeiden
Reiselust	Auf Zeit und Kosten achten
Wandlungsfähigkeit	Sich nicht verzetteln
Schnelligkeit	Langsamkeit aushalten
Entscheidungsfreude	Abwägen und überlegen
Chancen ergreifen	Zugesagtes einhalten
Neue Beziehungen knüpfen	Wie steht es mit der Treue?
Gute Selbstinszenierung	Anderen Raum geben

Mögliche Teamrollen bei starker Ausprägung:

- **Weltoffener Kontakter** – Sie sind mit vielen Menschen im Kontakt.
- **Kreativer Ideengeber** – Sie überzeugen durch guten Ideen und Einfälle.
- Durch Sie kommt Schwung, Freude und Neues in die Abteilung.
- **Zielorientierter Motivator** – Sie reißen alle durch Ihre Begeisterungsfähigkeit mit.

4. Distanz: Ihr Test-Wert 2

Ihr Test-Wert in diesem Heimatgebiet ist sehr niedrig. Daher sind die nachstehenden Verhaltensweisen für Sie in erster Linie hilfreich, um Menschen zu verstehen, die distanziert sind.

Der Distanzmensch ist das genaue Gegenteil vom Nähe-Typen. Der Distanzmensch ist am liebsten allein, sehr freiheitsliebend und möchte möglichst unabhängig von anderen sein. Er entscheidet schnell, kühl, rational und zieht Aufgaben und Prozesse durch, auch wenn sie langwierig sind. Hilfe benötigt er meist nicht, sondern er hat eine hohe intrinsische Motivation. Er verfügt über eine hohe Zielorientierung und ein entsprechend hohes Energiepotenzial. Seine Handlungen und Entscheidungen sind überwiegend kühl und rational. Projekte und Prozesse werden schnell und pragmatisch durchgezogen, auf Gefühle und Bedürfnisse anderer wird da kaum Rücksicht genommen. Der Distanz-Typ hat große Angst vor Bindung und hält diese nur aufrecht, wenn er jederzeit die Chance des Rückzugs hat.

Bei extremer Ausprägung ist der Distanzierte sehr machtorientiert und hat dabei auch keine Probleme, die Gefühle anderer zu verletzen (Psychopath).

Nachstehend sind die positiven Eigenschaften und der Lernprozess des Distanz-Typen beschrieben. Entscheiden Sie, welche Beschreibungen auf Sie zutreffen und an welchen Entwicklungsfeldern Sie noch arbeiten müssen.

Distanz-Typ	
Positive Eigenschaften	**Möglicher Lernprozess**
Hohe Unabhängigkeit	Hilfe annehmen
Alleinsein können	Teamorientierter werden
Durchsetzungsstark	Kooperieren
Entscheidungsfreudig	Andere Meinungen akzeptieren
Hohes Selbstvertrauen	Andere nicht überrollen
Konfliktbereitschaft	Lösungen finden
Karriereorientiert	Sorgfältig mit Macht umgehen
Hohe Zielorientierung	Menschen nicht überfordern
Projekte allein durchführen	Einbindung anderer Ideen

Ihre möglichen Teamrollen bei starker Ausprägung:

- **Vorsitzender Moderator** – Sie behalten die Übersicht ohne Emotionen
- **Strenger Macher** – Sie ziehen Entscheidungen und Vorhaben „wirklich durch“!
- **Entscheider**, Geschäftsführer, Vorstand – Bei Ihnen findet sich Einfluss und Macht.
- **Kritischer Controller** – Sie achten sorgfältig auf die Ergebnisse.

Das Testergebnis stellt je nach Ausprägung die Rangfolge der Heimatgebiete und die Bedeutung dar. Das Testprogramm erläutert jedes Heimatgebiet in einer standardisierten Variante. Wir bieten dem Testant hierdurch die Möglichkeit, die „Treffer“ auf sich zu beziehen und den eigenen Entwicklungsprozess abzuwägen.

Alle Werte sind veränderbar, wenn eine Person bereit dazu ist.

Erkenntnis – Was lernen wir aus den Tests?

Die Verbindung der drei Testverfahren verdeutlicht, wie Sie selbst oder Ihre Mitarbeiter in sozialen Situationen eingestellt sind und wie jemand sich in Stress- oder Kommunikationssituationen steuert.
Der individuelle Lernprozess in Bezug auf soziales Verhalten wird deutlich. Jeder festgestellte Wert kann durch Eigeninitiative positiv verändert werden, was allerdings mit (viel) Arbeit verbunden ist – je nach Ausprägungsgrad im Test. Es gibt kein „Schlecht“ oder „Gut“, sondern nur die einmalige Chance, anzugreifen und an sich zu arbeiten. Allerdings müssen Sie oder Ihre Coachees (Mitarbeiter) intensiv üben, um eine gewünschte Änderung zu erreichen – mindestens 90 Tage!

Suchen Sie dabei nicht immer bei sich und anderen das Haar in der Suppe, sondern fangen Sie an, positive Stärken bei sich und anderen zu sehen. Würdigen Sie die Ressourcen und Fähigkeiten von den Ihnen anvertrauten Mitarbeitern und bringen Sie diese durch gute Führung zur Entfaltung. Seien Sie ein guter und toleranter, Fehler verzeihender Lehrmeister, der andere zu Höchstleistungen trainiert. Bringen Sie sich selbst und Ihre Mitarbeiter zur vollen Entfaltung. Motivation ist ein Gefühl – das müssen Sie als gute Führungskraft entzünden.

Tauschen Sie sich aus und arbeiten Sie in einem positiven Team, in dem man sich gegenseitig hilft. Insbesondere die Erkenntnis, welche Wahrnehmungsvorlieben Sie haben (Match-Sense) wird Ihnen helfen, sich noch besser auf andere einzustellen.

Selbst- und Fremdwahrnehmung

Das Johari-Fenster

Auf den vorherigen Seiten haben Sie die verschiedenen Match-Tests kennengelernt und vielleicht auch schon online durchgeführt. Zu diesen möchte ich Ihnen ein weiteres unterstützendes diagnostisches Tool als Führungskraft vorstellen, das Ihnen, aber auch Ihren Mitarbeitern helfen kann, die Selbst- und Fremdwahrnehmung in Einklang zu bringen und die persönliche Wirkung im Umgang mit Mitarbeitern, Vorgesetzen oder auch Kunden zu verbessern.

Um die eigene Kommunikation im Berufs- oder Privatleben zu verbessern, ist es wichtig, sich darüber klar zu werden, wie man auf andere Menschen wirkt. Meist ist es so, dass Menschen eine gute Absicht haben, dennoch wundern sie sich, warum sie mit bestimmten Menschen zurechtkommen und mit anderen wiederum nicht. Das Erkennen dieses eigenen „blinden Flecks“ ist sehr wichtig, um kommunikative Fehler mit anderen zu vermeiden. Wenn ich weiß, wie ich wirke und was ich konkret im Anderen auslöse, ist dies ein entscheidender Vorteil.
Warum geht er oder sie immer wieder auf die Palme, wenn dies und das von meiner Seite passiert? Was genau ist es, was die Konflikte oder Unstimmigkeiten auslöst? Oft sind es Rituale oder bestimmte Verhaltensmuster, die bei unterschiedlichen Landkarten manchmal sogar zu Vulkanausbrüchen führen. Nur wenn ich weiß, was mein Verhalten im Anderen bewirkt, kann ich Fehler abstellen und meine kommunikativen Erfolge weiter ausbauen. Wir trainieren in unserer Führungsausbildung vor allem eines: die sogenannte Landkartentoleranz, kombiniert mit einer hohen sprachlichen Bewusstheit im Umgang mit Anderen, z. B. Ihren Mitarbeitern. Unsere eigene Landkarte, unsere Art zu handeln und zu denken, ist nicht die Landkarte der Welt.

Entscheidend in der Kommunikation mit anderen ist es, durch das Bewusstsein der eigenen Außenwirkung Störungen auszuschalten. In meinem Matching-Konzept ist daher dieser Selbsteinschätzungs- und Feedbackteil ein wichtiges Modul.
In diesem Zusammenhang möchte ich Ihnen das Johari-Fenster vorstellen, weil es eine gute Vorstufe zu der nachfolgenden Übung „Selbst- und Fremdwahrnehmung“ ist. Das Johari-Fenster ist ein grafisches Schema zur

Darstellung bewusster und unbewusster Persönlichkeits- und Verhaltens-Merkmale zwischen dem Selbst und dem Anderen bzw. einer Gruppe. Entwickelt wurde es 1955 von den amerikanischen Sozialpsychologen Joseph Luft und Harry Ingham. Die Vornamen dieser beiden wurden für die Namensgebung herangezogen. Mit Hilfe des Johari-Fensters wird vor allem der sogenannte „blinde Fleck“ im Selbstbild eines Menschen verdeutlicht.

DAS JOHARI Fenster – Grafik zur Verdeutlichung des eigenen „blinden Flecks"

Das zunächst recht theoretisch klingende Modell lässt sich gut für Bewusstheit in der Kommunikation nutzen.

Der „blinde Fleck“ bei einem Dauer-Typ kann der sein, dass er auf jede Veränderung negativ, ablehnend und aggressiv reagiert, nach dem Motto: „Das haben wir immer so gemacht, jetzt wird es schwer und katastrophal werden.“ Das ablehnende und häufig aggressive Verhaltensraster soll von der eigentlichen Angst vor Veränderung ablenken. Ziel muss es hier sein, durch Gespräche und ruhiges Feedback dem Dauer-Typen die Angst zu nehmen. Dieser hat große Angst, Lebensumstände zu verändern, das könnte ihm den Boden unter den Füßen entziehen. Da die Wiederholung, das Bewährte und

Sicherheit wichtige Bezugsgrößen sind, werden notwendige Änderungen häufig nicht akzeptiert. Ich empfehle als Coach im Umgang mit solchen Mitarbeitern ruhig, sachlich basierend auf magischen Worten und nachvollziehbaren Lösungen einen gemeinsamen Konsens zu finden. Die Grafik kann als gute Einstiegsmetapher verwendet werden, um das Gesagte visuell zu verdeutlichen.

Der „blinde Fleck" beim Wechsel-Typen kann der sein, dass er alles anfängt und nichts zu Ende bringt. In Meetings läuft es immer nach dem gleichen Raster ab. Ideen werden eingeworfen, begeisterte Visionen entwickelt. Allerdings lassen die Ergebnisse lange auf sich warten.

Beim Nähe-Typen ist der „blinde Fleck" der, dass er oder sie glauben, durch extreme Anpassung und Harmonie immer geliebt zu werden. In Diskussionen sagen sie nur bedingt die Meinung, sondern versuchen, es allen Recht zu machen, um ja niemanden zu verletzen.

Beim auditiven Distanztyp ist der „blinde Fleck" ein anderer: Er stimmt sich fast nie ab, sondern überrollt z. B. in Gesprächen das Gegenüber bzw. die Teammitglieder. Meinungen und Gefühle anderer werden nicht berücksichtigt. Die Stimmung sinkt und der Konsens bleibt auf jeden Fall aus.

Beim visuellen Kinästheten z. B. kann der „blinde Fleck" darin bestehen, dass er ungesteuert seine Vorliebe zu Bildern, weitschweifigen Erläuterungen, körperlichen Empfindungen usw. auslebt und keine Rücksicht auf die eher puren Bedürfnisse z. B. des Auditiven nimmt. Hier empfehle ich das Matching-Modell, um das jeweilige Verhalten einleitend zu verdeutlichen.

Der Feedbackbogen

Als weiteres Instrument finden Sie im Folgenden zur Selbsteinschätzung einen zweiseitigen „Ich-Bogen". Die Basis für diesen Fragebogen lernte ich ebenfalls bei V.I.E.L-Coaching und Training in Hamburg kennen. Insgesamt finden Sie 16 Dimensionen beschrieben, in denen es in der Mitte anzukreuzende Aussagen gibt, von denen Sie die auf Sie zutreffenden auswählen. Bitte kreuzen Sie dort an, wie Sie glauben „zu sein". Nehmen Sie sich die notwendige Zeit, aber entscheiden Sie sich relativ spontan. Beschreiben Sie am Ende, wo Sie Ihre Stärken und Schwächen sehen und was Sie daraus lernen möchten.

Nach Fertigstellung bitten Sie eine Person Ihres Vertrauens (z. B. Ihren Coach oder einen Führungskollegen), Sie auf dem „Du-Bogen“ ebenfalls einzuschätzen. Dadurch können Sie Ihr Selbstbild mit der Fremdeinschätzung abgleichen. Bitten Sie Ihr Gegenüber dann zu sagen, was er an Ihnen gut findet bzw. was er oder sie bei Ihrer Person verändern würde. Bringen Sie dann Ihre Selbsteinschätzung mit dem Feedback zusammen. Begrüßen Sie in dieser Phase das Feedback als „Geschenk“ und bedanken Sie sich bei Ihrem Gesprächspartner. Nur durch gezieltes Feedback können Sie wachsen. Integrieren Sie die Änderungstipps in Ihr aktuelles Verhalten.
Dieses Modul können Sie übrigens sehr gut für Mitarbeitergespräche nutzen, speziell dann, wenn Sie Feedbackgespräche geben. Es eignet sich auch gut für Teamentwicklungsprozesse.

Meine Selbsteinschätzung

Name: ______________________ Datum: ____________

1. Außenwirkung										
Ich wirke zugänglich und extrovertiert.	4	3	2	1	0	1	2	3	4	Ich wirke insgesamt nachdenklich u. zurückhaltend.
2. Zielorientierung										
Mein Denken und Sprechen wirkt optimistisch und zielorientiert.	4	3	2	1	0	1	2	3	4	Mein Denken und Sprechen wirkt kritisch bis problemorientiert.
3. Behandlung										
Ich behandle andere Menschen mit großem Respekt und Wertschätzung.	4	3	2	1	0	1	2	3	4	Ich wirke kritisch mit anderen Menschen und bin bereit zur Konfrontation.
4. Perfektionismus										
Ich wirke gelassen und pragmatisch; Ich gestehe mir und anderen Fehler zu.	4	3	2	1	0	1	2	3	4	Ich wirke sehr sorgfältig und wende viel Energie auf, um Fehler zu vermeiden.
5. Inspiration										
Ich erlebe mich als gedanklich anregend und inspirierend für neue Sichtweisen.	4	3	2	1	0	1	2	3	4	Ich erlebe mich gedanklich orientiert am Bestehenden.
6. Emotionaler Ausdruck										
Ich wirke offen. Ich kann meine und die Gefühle von anderen gut wahrnehmen.	4	3	2	1	0	1	2	3	4	Ich wirke distanziert. Ich kann nicht wahrnehmen, was andere fühlen.
7. Humor										
Mein Humor wirkt offen und direkt.	4	3	2	1	0	1	2	3	4	Ich habe einen hintergründigen Humor.
8. Körpersprache										
Meine Körpersprache wirkt ausdrucksstark und lebendig.	4	3	2	1	0	1	2	3	4	Meine Körpersprache wirkt zurückhaltend, ruhig und sparsam.

Seite 1

Meine Selbsteinschätzung

Name: ______________________ Datum: ____________

9. Selbst-Darstellung		
Ich bin selbstsicher.	4 3 2 1 0 1 2 3 4 ☐☐☐☐☐☐☐☐☐	Ich bin selbstkritisch.
10. Sympathie		
Ich werde als sympathisch eingeschätzt und man fühlt sich zu mir hingezogen.	4 3 2 1 0 1 2 3 4 ☐☐☐☐☐☐☐☐☐	Wirke eher neutral und werde als eher distanziert wahrgenommen.
11. Durchsetzung		
Ich setze meine eigenen Interessen gegenüber anderen wenig durch	4 3 2 1 0 1 2 3 4 ☐☐☐☐☐☐☐☐☐	Ich achte stark darauf, mich und meine Interessen durchzusetzen.
12. Wahrnehmung		
Meine Wahrnehmung ist eher an den Anderen und deren Interessen orientiert.	4 3 2 1 0 1 2 3 4 ☐☐☐☐☐☐☐☐☐	Meine Wahrnehmung ist an mir und meinen Interessen orientiert.
13. Konfliktbereitschaft		
Ich greife Konflikte sofort auf und suche die Auseinandersetzung.	4 3 2 1 0 1 2 3 4 ☐☐☐☐☐☐☐☐☐	Ich bin eher konfliktscheu und suche die Harmonie.
14. Motivation		
Ich bin ein dynamischer Typ und kann andere Menschen begeistern.	4 3 2 1 0 1 2 3 4 ☐☐☐☐☐☐☐☐☐	Ich wirke zurückhaltend, höre zu und füge mich ein.
15. Werte-Orientierung		
Ich stehe klar zu meinen Werten und bin bereit, dafür zu kämpfen.	4 3 2 1 0 1 2 3 4 ☐☐☐☐☐☐☐☐☐	Ich passe mein Verhalten eher an die gegebenen Normen und Werte an.
16. Komfort-Zone		
Ich orientiere mich an meinen Herausforderungen.	4 3 2 1 0 1 2 3 4 ☐☐☐☐☐☐☐☐☐	Ich bin darauf bedacht, mich möglichst in meiner Komfortzone zu bewegen.

Seite 2

Meine Selbsteinschätzung

Name: ______________________ Datum: ____________

Meine Stärken sehe ich in folgenden Bereichen:

____

____

____

____

____

____

____

____

Meine Schwächen sehe ich in folgenden Bereichen:

____

____

____

____

____

____

____

____

Das möchte ich noch lernen:

____

____

____

____

____

____

____

____

Seite 3

Persönliches Feedback

Name: ______________________ Datum: ____________

1. Außenwirkung		
Du wirkst auf mich insgesamt zugänglich und extrovertiert.	4 3 2 1 0 1 2 3 4 ☐☐☐☐☐☐☐☐☐	Du wirkst auf mich insgesamt nachdenklich u. zurückhaltend.
2. Zielorientierung		
Dein Denken und Sprechen wirkt optimistisch und zielorientiert.	4 3 2 1 0 1 2 3 4 ☐☐☐☐☐☐☐☐☐	Dein Denken und Sprechen wirkt kritisch bis problemorientiert.
3. Behandlung		
Du behandelst andere Menschen mit großem Respekt und Wertschätzung.	4 3 2 1 0 1 2 3 4 ☐☐☐☐☐☐☐☐☐	Du wirkst kritisch mit anderen Menschen und scheinst bereit zur Konfrontation.
4. Perfektionismus		
Du wirkst gelassen und pragmatisch; Du gestehst Dir und anderen Fehler zu.	4 3 2 1 0 1 2 3 4 ☐☐☐☐☐☐☐☐☐	Du wirkst sehr sorgfältig und wendest viel Energie auf, um Fehler zu vermeiden.
5. Inspiration		
Ich erlebe Dich als gedanklich anregend und inspirierend für neue Sichtweisen.	4 3 2 1 0 1 2 3 4 ☐☐☐☐☐☐☐☐☐	Ich erlebe Dich gedanklich orientiert am Bestehenden.
6. Emotionaler Ausdruck		
Du wirkst offen. Ich kann Dich und Deine Gefühle gut wahrnehmen.	4 3 2 1 0 1 2 3 4 ☐☐☐☐☐☐☐☐☐	Du wirkst distanziert. Ich kann nicht wahrnehmen, was Du fühlst.
7. Humor		
Dein Humor wirkt offen und direkt.	4 3 2 1 0 1 2 3 4 ☐☐☐☐☐☐☐☐☐	Ich erlebe Deinen Humor als hintergründig.
8. Körpersprache		
Deine Körpersprache wirkt ausdrucksstark und lebendig.	4 3 2 1 0 1 2 3 4 ☐☐☐☐☐☐☐☐☐	Deine Körpersprache wirkt zurückhaltend, ruhig und sparsam.

Seite 1

Persönliches Feedback

Name: ______________________ Datum: ____________

	4	3	2	1	0	1	2	3	4	
9. Selbst-Darstellung										
Ich erlebe Dich als selbstsicher.	☐	☐	☐	☐	☐	☐	☐	☐	☐	Ich erlebe Dich als selbstkritisch.
10. Sympathie										
Ich finde Dich extrem sympathisch und fühle mich zu Dir hingezogen	☐	☐	☐	☐	☐	☐	☐	☐	☐	Du wirkst auf mich eher neutral und distanziert.
11. Durchsetzung										
Du setzt Deine eigenen Interessen gegenüber anderen wenig durch	☐	☐	☐	☐	☐	☐	☐	☐	☐	Du achtest stark darauf, Dich und Deine Interessen durchzusetzen.
12. Wahrnehmung										
Deine Wahrnehmung ist eher an den Anderen und deren Interessen orientiert.	☐	☐	☐	☐	☐	☐	☐	☐	☐	Deine Wahrnehmung ist an Dir und Deinen Interessen orientiert.
13. Konfliktbereitschaft										
Du greifst Konflikte sofort auf und suchst die Auseinandersetzung.	☐	☐	☐	☐	☐	☐	☐	☐	☐	Du bist eher konfliktscheu und suchst die Harmonie.
14. Motivation										
Du bist ein dynamischer Typ und kannst andere Menschen begeistern.	☐	☐	☐	☐	☐	☐	☐	☐	☐	Du wirkst zurückhaltend, hörst zu und fügst Dich ein.
15. Werte-Orientierung										
Du stehst klar zu Deinen Werten und bist bereit, dafür zu kämpfen.	☐	☐	☐	☐	☐	☐	☐	☐	☐	Du passt Dein Verhalten eher an die gegebenen Normen und Werte an.
16. Komfort-Zone										
Du scheinst Dich an Deinen Herausforderungen zu orientieren.	☐	☐	☐	☐	☐	☐	☐	☐	☐	Du scheinst darauf bedacht, Dich möglichst in Deiner Komfortzone zu bewegen.

Seite 2

Persönliches Feedback

Name: ______________________ Datum: ____________

Deine/Ihre Stärken sehe ich in folgenden Bereichen:

Deine/Ihre Schwächen sehe ich in folgenden Bereichen:

Folgende Tipps möchte ich Dir/Ihnen noch geben:

Seite 3

Feedbackregeln

Wichtig bei dem Prozess „Selbst- und Fremdbildgespräch" ist es, dass Sie bereit sind, sich persönlich auf diesen Prozess einzulassen. Es ist manchmal nicht einfach, Kritik oder Feedback anzunehmen. Man hört generell lieber Komplimente als Kritik. Letztere ist aber sehr wertvoll und daher empfehle ich Ihnen, sich hierfür zu öffnen.

Im Hinblick auf die persönliche Weiterentwicklung ist wichtig zu wissen, wie das eigene gezeigte Verhalten beim Anderen ankommt. Ihr Feedbackgeber gibt Ihnen die einmalige Chance, an sich zu arbeiten. Wenn Sie als Führungskraft bereit sind, diesen Prozess souverän zu akzeptieren und auch anzunehmen, werden Sie in jeder Hinsicht „wachsen"! Ein wesentlicher Baustein des Matching-Konzepts ist es also, bei sich selbst „bewusst" zu beginnen und zu wissen, welche Wirkung das eigene Verhalten auf andere Gesprächspartner hat. Eine Führungskraft ist dann souverän und erfolgreich, wenn sie zu solchen Feedbackprozessen und zur Selbst- und Fremdkritik bereit ist. Feedback ist ein Geschenk – wer wachsen will, sollte das auf jeden Fall zulassen und wertschätzen.

Ihre Mitarbeiter werden es Ihnen danken und Vertrauen entfalten, weil sie wissen, dass sie zu Ihnen „ehrlich" sein dürfen. Bedanken Sie sich dafür!

Feedbackregeln in der Übersicht

1. Hören Sie sich die Feedback-Informationen aufmerksam an.
2. Verteidigen Sie sich nicht!
3. Wertschätzen Sie das Interesse an Ihrer Person.
4. Bedanken Sie sich dafür.
   (z. B. mit „Vielen Dank für das Feedback, ich werde darüber nachdenken und an mir arbeiten.")

Feedback anzunehmen ist die beste Chance, den eigenen „blinden Fleck" auszuschalten und sein Verhalten zu optimieren. Manchmal tut es weh, aber Wachstum heißt, an sich zu arbeiten und den eigenen Wirkungshorizont zu erweitern. Eine erfolgreiche Führungskraft ist bereit, das eigene Verhalten zu reflektieren und sich auch positiv zu verändern. Vorbild sein heißt, zu den eigenen Fehlern zu stehen und diese auch bei den Anderen zu verzeihen. Suchen Sie jederzeit den Dialog mit sich selbst und anderen.

Kapitel III: Verbesserung der Menschenkenntnis

Die nachstehenden Inhalte werden Ihnen helfen, Menschen und deren Verhalten noch besser zu verstehen. Diese Kenntnisse können Sie zielbewusst zur Mitarbeitermotivation verwenden. Das nachstehende Kommunikationsmodell basiert auf den Erkenntnissen des Neuro-Linguistischen-Programmierens, das bereits im Test Match-Sense ausführlich beschrieben wurde. Es geht in diesem Kapitel darum, die Wahrnehmung von Mitarbeitern durch darauf abgestimmte Sprachmuster gezielt in der Mitarbeitermotivation einzusetzen. Wenn Sie bei Ihren Mitarbeitern erkennen, um welche Wahrnehmungstypen (visuell, auditiv, kinästhetisch) es sich handelt, haben Sie den richtigen „Hebel“, um kommunikativ systematisch ansetzen zu können. Ich liefere Ihnen Beobachtungstipps, Worte und Sätze, die Sie bei dem einzelnen Mitarbeitertypus verwenden können, um den jeweiligen Wahrnehmungskanal erfolgreich anzusprechen.
Erfolgreiche Motivation in der Führung erzeugt ein gutes „Gefühl“ beim Mitarbeiter. Dieses gilt es, über das Ohr, die Augen oder den Bauch im Mitarbeiter zu entzünden. Wenn Sie Mitarbeiter zu Höchstleistungen motivieren wollen, dann hilft Ihnen das Matching-Konzept. Sprechen Sie ab sofort so, dass Sie sich auf den Wahrnehmungskanal Ihres Mitarbeiters bewusst einstellen. Sie werden sehen, die Ergebnisse sprechen für sich. Vermeiden Sie dabei allerdings negative Manipulationen, sondern zeigen Sie hierbei Wertschätzung und Respekt.

Nochmals zur Erinnerung: Visuelle Mitarbeiter legen Wert auf ein gepflegtes Äußeres, Freundlichkeit, gute Umgangsformen, Bilder und eine abwechslungsreiche „bildhafte“ Sprache. Auditive Mitarbeiter mögen sprachliche Kürze, exakt benannte Zahlenwerte, Daten, Fakten und wertschätzen ein exaktes Zeitmanagement. Kinästheten oder Gefühlsmenschen brauchen Ruhe, Nähe, Wärme, Zeit und ein gutes Gefühl im Bauch.

Nachstehend gebe ich Ihnen Einschätzungsstipps zu Ihren Mitarbeitern, um den jeweiligen Wahrnehmungstypen (visuell, auditiv, kinästhetisch) anhand seiner Augenmusterbewegungen und sprachlichen Ausrichtung zu erkennen. Die Kombination von bewusster Beobachtung und richtiger Einschätzung zusammen mit der von mir entwickelten Matching-Sprache liefern Ihnen einen neuen wirkungsvollen Zugang in Ihrer Kommunikation.

Die verschiedenen Kommunikationstypen

Gespräche und deren Ergebnisse hängen häufig davon ab, wie z. B. ein „hörender" Auditiver mit einem „sehenden" Visuellen kommuniziert oder ein „gefühlvoller" Kinästhet mit einem Visuellen oder Auditiven, d. h. wie verschiedene Landkarten miteinander sprechen. Die kommunikativen Zugangswege sind entscheidend dafür, wie jemand etwas versteht, damit umgeht und Entscheidungen trifft.

Auditive Menschen haben strenge Ohren. Sie neigen dazu, schneidende Fragen zu stellen und Menschen zu unterbrechen, wenn diese nicht auf den Punkt kommen. Aus der Sicht des Visuellen oder Kinästheten wird dies oft als druckerzeugend empfunden. Eine lockere Kommunikation ist oft nicht einfach. Häufig gehen sie auch zum Lachen in den Keller und neigen dazu, ihre Sichtweisen selbstgerecht und streng auf andere zu übertragen. „Meine Landkarte ist die Welt!" – mit dieser Einstellung gehen sie oft durchs Leben. Journalisten, Ärzte, Steuerberater, Wirtschaftsprüfer oder Anwälte zeigen häufig dieses Verhalten. Sprechen Sie mit diesen Menschen kurz und knapp und „langweilen" Sie den Anderen nicht mit Ihren Problemen! Vermeiden Sie weitschweifige Monologe, sonst macht das Ohr des Auditiven dicht.
Visuelle und Kinästheten mögen es im Gegenteil zum Auditiven lieber fröhlich, locker, bunt und gemütlich mit Zeit und sind von ihrer Kommunikation eher weitschweifig.

Sie ahnen schon, was das bedeutet? Kommunikative Missverständnisse bahnen sich an, weil die Landkarten zwischen den unterschiedlichen Wahrnehmungstypen disharmonisch und vor allem eines nicht sind: Sie sind nicht „gematcht"!

Die Kommunikation passt häufig gar nicht und endet im zwischenmenschlichen Konflikt. Und genau dieses Problem wollen wir mit dem Matching-Konzept lösen. Kommunikationsprobleme mit Mitarbeitern oder anderen Personen entstehen, wenn die Gesprächspartner sich gegenseitig ihre Unterschiedlichkeit vorwerfen und nicht in der Lage sind, sich sprachlich aufeinander einzustellen. Hier ist es sinnvoll, die eigenen Kommunikationsstrategien nach außen mit den entsprechenden Eingangskanälen des Gesprächspartners abzustimmen.

Beobachten Sie zukünftig Ihr Gegenüber:

- Was ist er bzw. sie für ein VAK-Typ? (VAK = Visuell/Auditiv/Kinästhetisch)
- Wie reagieren die Augenmuster?
- Wie „ticken" Sie selbst?

Das Verhalten von Auditiven wird häufig vom Visuellen oder Kinästheten falsch interpretiert, weil die unterschiedlichen Landkarten zu Fehlinterpretationen neigen. Das Gleiche gilt umgekehrt. Die Kenntnis des Matching-Konzepts hilft daher den unterschiedlichen Wahrnehmungstypen, mehr Toleranz und Humor im Umgang mit der anderen Landkarte zu entwickeln. Es geht darum, das andere Verhalten nicht sofort negativ zu bewerten. Das Matching-Modell hilft dem Leser und Anwender, die eigenen Wahrnehmungsvorlieben zu erkennen und die eigene Toleranz im Umgang mit anderen weiterzuentwickeln. D. h., der häufig als streng bis konservativ wahrgenommene Auditive kann lernen, etwas empathischer und visueller zu sprechen, während der Visuelle oder Gefühlsmensch im Gegenzug lernen kann, kürzere Sätze zu bilden und insgesamt mehr auf seine Zeit zu achten. Jeder Wahrnehmungstyp hat seine Stärken und seinen individuellen Lernprozess: Das, was mich am Anderen stört, ist häufig mein eigener Lernprozess!

Mir geht es daher in meinem Matching-Konzept darum, als Coach konkrete und pragmatische Hilfestellung zu geben. Führungskräfte können durch die richtige Ansprache eine gute Gesprächsatmosphäre zu ihren Mitarbeitern herzustellen. Ein gutes Pacing (Schwingung) oder Rapport (Kalibrierung des Gegenübers) wird dadurch hergestellt, dass man sein Gegenüber „einfängt" und die gewünschte Wellenlänge herstellt. Diese ist sehr wichtig für den erfolgreichen Gesprächsverlauf mit Mitarbeitern oder auch Vorgesetzten. Wenn Sie andere in eine gute Schwingung versetzen können, werden Sie noch erfolgreicher Ihre Ziele erreichen. Achten Sie daher bei Ihren Gesprächspartnern auf die Körpersprache und auf die Art, wie sie schauen bzw. ob sie offen und freundlich zugewandt auf Sie zukommen oder eher zurückhaltend bis ernst.

Augenmusterbewegungen und Sprachmuster

Zur weiteren Erläuterung möchte ich Ihnen jetzt einen kleinen Exkurs in die sogenannten Augenmusterbewegungen aus dem Neuro-Linguistischen-Programmieren geben – jetzt wird es richtig spannend! Kurz als Erläuterung für Sie: In der Entwicklung des NLP wurde durch Beobachtung festgestellt, dass Menschen der voran beschriebenen Ausprägungen beim Sprechen ihre Augen in einer bestimmten Art und Weise bewegen. Dies kann man sehr gut beobachten. In Bezug auf die Abstimmung der eigenen Sprache auf diese Augenmusterbewegungen oder kommunikativen Zugangswege habe ich die „Matching-Sprache" entwickelt, die ich nachfolgend ausführlich erläutern werde. Richtig angewandt führt diese dazu, dass Sie ein Gespräch mit einer anderen Landkarte bzw. mit einem anderen Typ auch über einen längeren Zeitraum erfolgreich bewältigen können. Im Umgang mit Ihren Mitarbeitern wird diese Kenntnis insbesondere bei Motivations- oder Kritikgesprächen helfen.

Ein Auditiver bewegt seine Augenmuster zwischen beiden Ohren hin und her. Der Gesichtsausdruck ist überwiegend ernst. Auditive Menschen sind zwar meist im Geschäftsleben gepflegt, dennoch bedeuten Äußerlichkeiten keinen besonderen Anreiz. Ihr Büro ist funktionsgerecht, Blumen und äußerer Schnickschnack finden kaum Verwendung. Es sind mehr die Zahlen, Daten und Fakten, die interessieren. Auditive Gesprächspartner wirken oft „pur" bis uncharmant, es ist teilweise schwer, diesen Menschen ein Lächeln abzuringen und ihre Akzeptanz zu erlangen. Im Hinblick auf von ihnen getroffene Entscheidungen ist es nicht einfach, sie dazu zu bewegen, diese eventuell zu revidieren. In Gesprächen „führen" sie gern und erwarten kurze, präzise Antworten. Daher rate ich Ihnen: Kommen Sie als Führungskraft oder als Gesprächspartner immer „selbstbewusst" auf den Punkt, „eiern" Sie nicht herum, sondern sagen Sie, was Sache ist! Der Auditive mag das gern und Ihre Akzeptanz wird steigen!

Visuelle Kinästheten bewegen ihre Augenmuster nach oben, sie zoomen sich Bilder ins Gehirn und visualisieren Sprache über Bilder und Emotionen. Die Sprache des Senders sollte daher Bilder enthalten. Das Pacing zu Visuellen ist einfacher herzustellen als zu einem Auditiven. Letzteren können Sie nur durch Ihre Worte und anspruchsvolle Inhalte überzeugen. Das ist anstrengend! Visuelle Menschen legen Wert auf ihr Äußeres und ihre Umgebung. Sie verwenden Farben und Bilder und haben meist einen guten Geschmack, der durch die Einrichtung oder Kleidung bzw. Frisur wahrzunehmen ist. Visuelle Kinästheten lachen gern, sind offen für Neues und lassen sich gern auf Gespräche ein. Im Wechsel liegt hier teilweise der Reiz. Daher sprechen Sie visuelle Dinge an, pacen Sie dezent über Komplimente und setzen Sie gezielt ein Lächeln neben allen anderen wichtigen Inhalten ein. Reine Kinästheten schauen häufig nach unten und sind in einer Art innerem Dialog. Sie brauchen Gefühle, Nähe und eine gute Atmosphäre.

Nachstehend finden Sie Bilder zu den sogenannten Augenmusterbewegungen, die Ihnen helfen können, den jeweiligen VAK(OG)-Typ Ihrer Mitarbeiter besser einschätzen zu können Die Bereiche O = olfaktorisch/Geruchssinn und G = gustatorisch/Geschmacksinn werden dem K-Bereich zugeordnet. Daher sprechen wir generell in diesem Buch von V A K.

Zur Erinnerung nochmals die Übersicht:

Was ist mein Mitarbeiter für ein VAKOG-Typ?				
V	=	Visuell	=	Sehen
A	=	Auditiv	=	Hören
K	=	Kinästhetisch	=	Fühlen
O	=	Olfaktorisch	=	Riechen (gehört zu K)
G	=	Gustatorisch	=	Schmecken (gehört zu K)

Augenmusterbewegungen

Die nachstehenden Abbildungen sind so dargestellt, als würden Sie in das Gesicht der Person schauen, die Ihnen gegenüber sitzt oder steht. Wenn die Augenmusterbewegungen bei Ihrem Gesprächspartner, einem Rechtshänder, von Ihnen aus gesehen nach „links oben“ gehen, dann spricht man hier von „in der Zukunft gedanklich konstruieren“ (bei Linkshändern ist es genau umgekehrt).

Erläuterung zu den Augenmusterbewegungen		
V	= Visuell	Wahrnehmungskanal
A	= Auditiv	Wahrnehmungskanal
K	= Kinästhetisch	Wahrnehmungskanal
k	konstruieren in der Zukunft	
e	erinnern an Geschehnisse in der Vergangenheit	
iD	innerer Dialog	

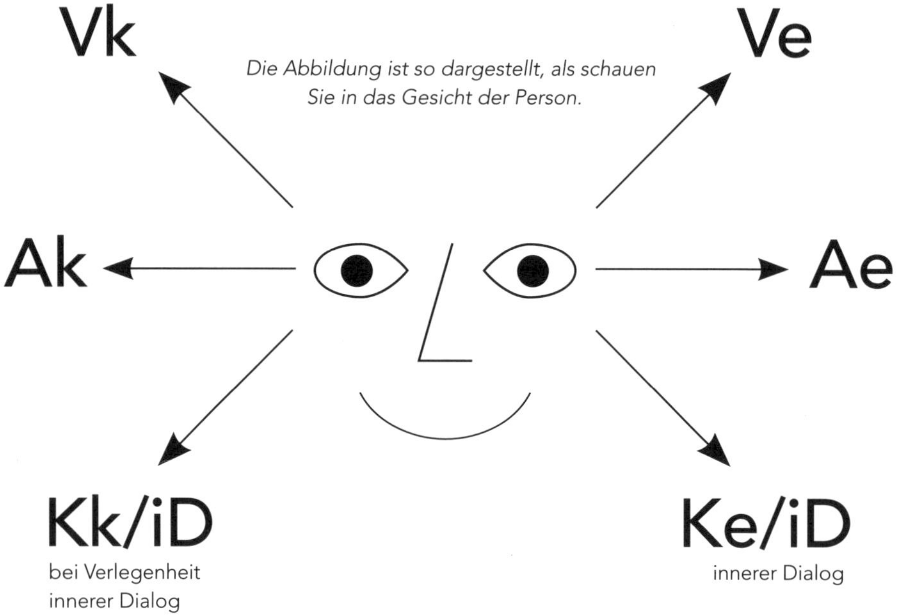

Beispiel zu „innerer Dialog"

Dies beobachtet man beim Kinästheten, der hier im Kontakt zu seinen Gefühlen ist, d. h. dieser Typus ist dann in einer Art innerer „Trance". Dieser Trancezustand tritt manchmal auch bei den anderen Wahrnehmungskanälen auf, wenn z. B. jemand länger überlegt. Hier ist es wichtig, dem Gegenüber Zeit für diesen Zustand zu lassen.

Vk: Wenn ein Visueller Ihnen gegenüber nach **„links oben“** schaut, dann konstruiert er ein Bild in der Zukunft. Vk heißt „visuell konstruieren“.

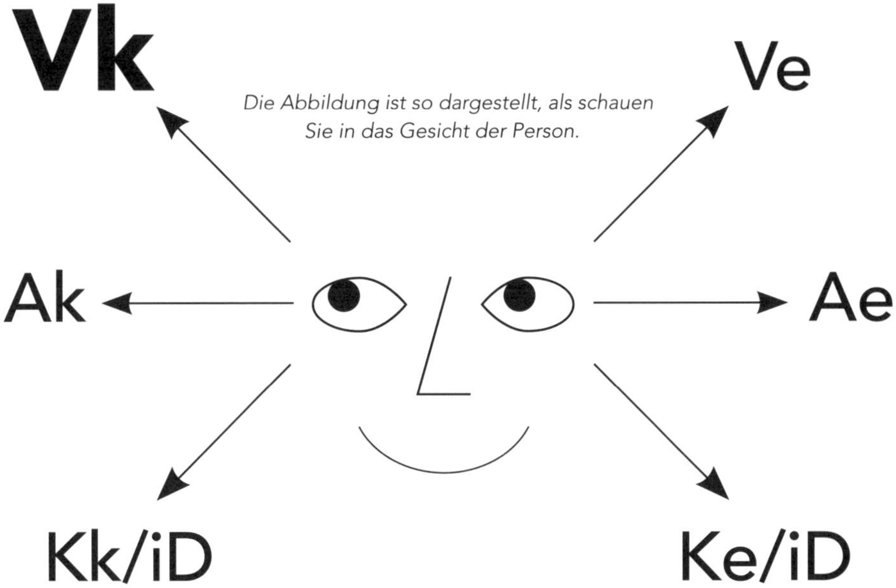

Ve: Wenn ein Visueller Ihnen gegenüber nach **„rechts oben“** schaut, dann erinnert er sich, d. h., er holt sich ein Bild aus der Vergangenheit. Ve heißt „visuell erinnern“.

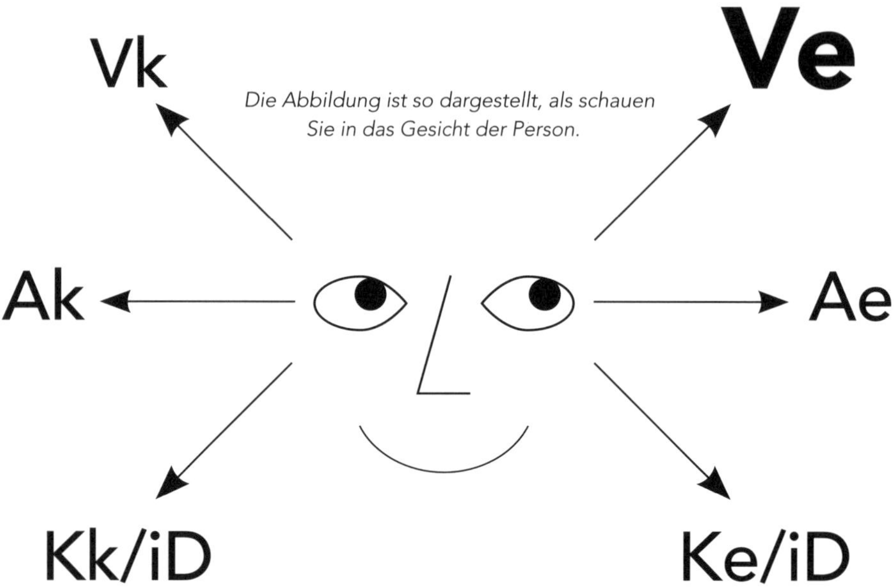

Ak: Wenn ein Auditiver Ihnen gegenüber zum **„linken Ohr“** schaut, dann sagt oder hört er etwas innerlich in der Zukunft. Ak heißt „auditiv konstruieren“.

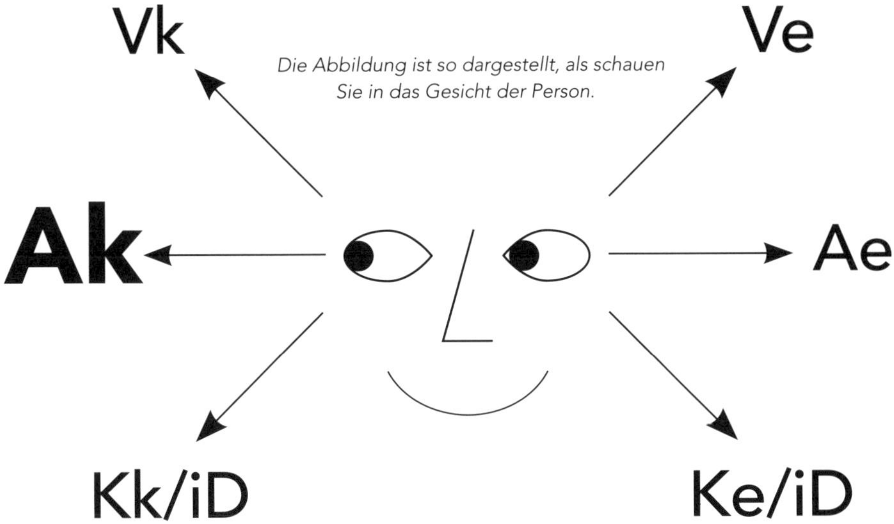

Ae: Wenn sich ein Auditiver erinnert, schaut er Ihnen gegenüber zum **„rechten Ohr“**. Ae heißt „auditiv erinnern“.

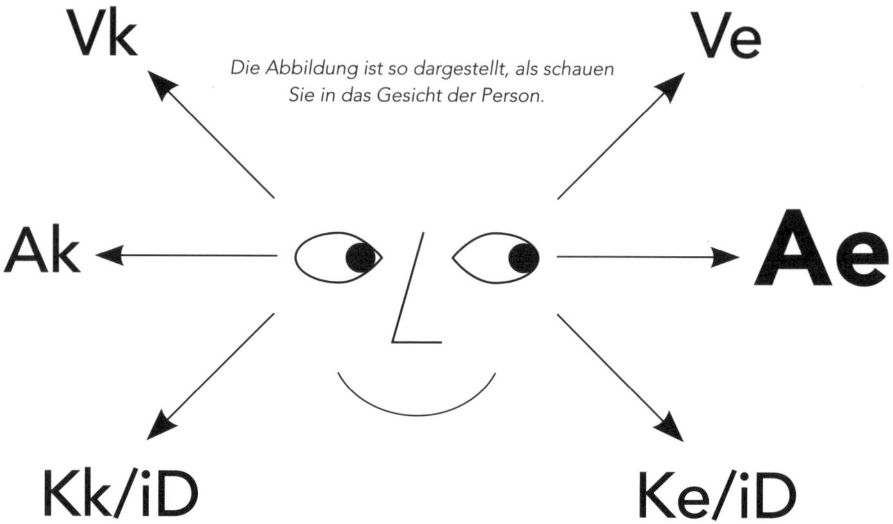

Kk/iD: Wenn ein Kinästhet ein Gefühl in der Zukunft konstruiert, schaut er von Ihnen aus gesehen nach **„links unten“** und befindet sich in einer Art innerem Dialog zu seinen Gefühlen oder auch „hypnotischer Trance“.

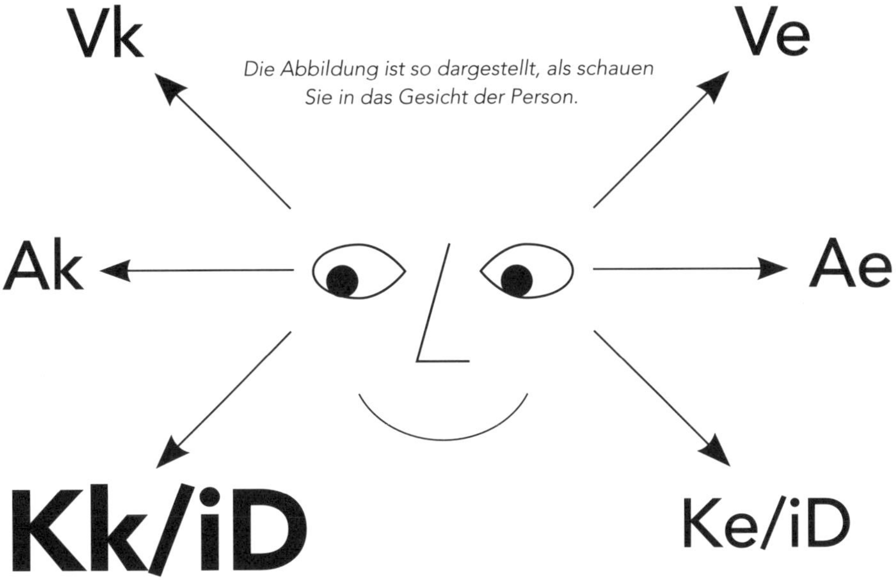

Ke/iD: Wenn sich ein Kinästhet erinnert, schaut er nach „**rechts unten**" und befindet sich in einer Art innerem Dialog oder auch „hypnotischer Trance".

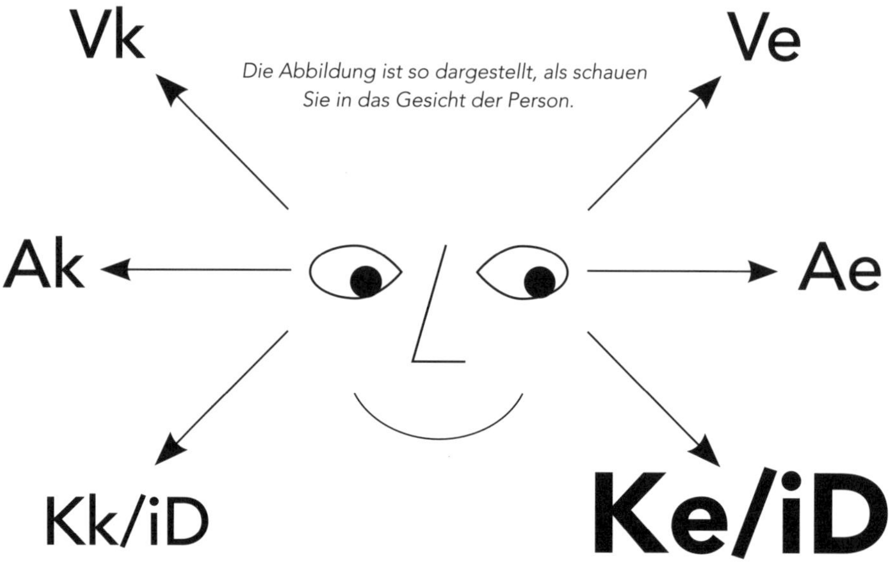

Der richtige Umgang mit den Kommunikationstypen

Jeder Wahrnehmungskanal hat bestimmte sprachliche Bedürfnisse und reagiert positiv auf sogenannte „magische Worte“, die der jeweilige Wahrnehmungsfilter gern hört.

Visuelle brauchen z. B. Stimulanz durch Bilder und Farben.

Beipiele: Magische Worte für Visuelle

„Die Farbe Blau steht Ihnen wirklich sehr gut."
„Das Ambiente der Hotelhalle ist wunderschön."
„Gut schauen Sie heute aus!"
„Ihr Auto finde ich richtig schick!"
„Ihre Präsentation hat mir sehr gut gefallen."

Auditive brauchen Kürze und Prägnanz.

Beipiele: Magische Worte für Auditive

„Für uns sind Zahlen, Daten, Fakten wichtig."
„Ergebnisse, Nutzen, Zeit: das ist entscheidend."
„Ihre Argumentation klingt überzeugend."
„Gut, dass Sie auf den Punkt kommen."
„Ihre Erklärungen hören sich für mich plausibel an."
„Ich schätze kurze, knappe Gespräche."
„Aussagen sollten eingehalten werden."
„Ihre Leistung erkenne ich an."

Kinästheten brauchen Atmosphäre (Zeit, Ruhe).

Beipiele: Magische Worte für Kinästheten

„Lassen Sie uns essen gehen."
„Unsere Unterhaltung begeistert mich."
„Ich liebe Gerüche und eine gute Atmosphäre."
„Vertrauen und Emotionen sind mir wichtig."
„Die Nähe zum Team und Ihnen ist angenehm."
„Lassen Sie uns gut zusammen arbeiten."

Auf dieser Basis habe ich für Ihre Führungsarbeit sinnesspezifische Redewendungen entwickelt, die Ihnen helfen, Ihre Mitarbeiter mit sogenannten „magischen Worten“ zu erreichen. Es geht bei diesen Redewendungen darum, ein gutes Pacing und einen harmonischen Gleichklang zwischen Ihnen und Ihrem Mitarbeiter herzustellen. Diese folgenden Sprachmuster können Ihnen insbesondere dann helfen, wenn Sie den Management-Regelkreis kommunikativ zum Leben erwecken. Sie können die Beispielsätze jederzeit mit Ihrer eigenen Kreativität ergänzen.

Sinnesspezifische Redewendungen

Sprachmuster für einen visuellen Gesprächspartner

Visuelle mögen es fröhlich, farbig, bildhaft und locker. Das sprachliche Pacing/Matching funktioniert daher gut über eine bildhafte und emotionale Sprache. Achten Sie darauf, dass Sie sich selbst und Ihre Gesprächsthemen auf den Punkt präsentieren, denn auch das Ohr des Visuellen liebt eine gewisse Präzision. Hören Sie deshalb während des Gesprächs aktiv zu und stellen Sie sich sprachlich auf Ihr Gegenüber ein, damit Sie am Ende des Gesprächs ein gutes gemeinsames Ergebnis erzielen (Gewinner-Gewinner).

Sprachmuster für Visuelle

„Ich freue mich sehr, Sie zu sehen."
„Gut schauen Sie aus!"
„Die Farbe steht Ihnen ausgezeichnet!"
„Das Bild an Ihrer Wand gefällt mir."
„Welches Zeitfenster haben wir für unseren Termin?"
„Folgende Themen möchte ich Ihnen darstellen."
„Welchen Themenstrauß haben Sie mitgebracht?"
„Lassen Sie uns alles schnell und leicht lösen und unsere Ziele fokussieren. Es wäre wunderbar, wenn wir den „Take off" planen."
„Haben Sie kreative Ideen, wie wir die Ziele mit Spaß erreichen?"
„Welche Visionen und Meilensteine haben Sie sich für dieses Jahr gesetzt?"
„Sehen Sie Felsbrocken, die Sie eventuell daran hindern? Wo sehen Sie mich als kreativen Ideengeber dabei?"
„Können Sie sich Ihren und unseren Erfolg vorstellen? Wenn nein, was fehlt Ihnen oder wo gibt es Probleme?"
„Wie sehen Ihre Vorschläge hierzu aus?"
„Ihre Ideen finde ich sehr abwechslungsreich und bunt."
„Ihre Darstellung begeistert mich."
„Wie sehen Ihre Erwartungen an mich aus? Wie kann ich helfen?"
„Auf welchen äußeren Rahmen legen Sie Wert?"
„Wir haben eine große Chance, in eine erfolgreiche Zukunft zu schauen!"
„Wie sehen Sie die nächsten Schritte nach unserem Gespräch?"
„Gibt es noch Bilder oder Ideen, die fehlen?"

„Wann sehen wir uns wieder?"
„Ich empfinde das Gespräch als sehr schön und sehe in eine gute gemeinsame Zukunft. Ich sehe unser Ziel förmlich vor Augen."
„Lassen Sie uns mit diesem Erfolgsbild auseinandergehen."

Sprachmuster für einen auditiven Gesprächspartner

Sprechen Sie ruhig und tief auf der Ausatmung, argumentieren Sie stichhaltig und sorgfältig. Bilden Sie kurze Sätze und lassen Sie den Anderen ausreden. Machen Sie Sprechpausen. Bringen Sie Wertschätzung und Respekt „rüber“. Achten Sie vor allem auf die ZEIT! Auditive brauchen das Gefühl, dass sie der Star und Führer sind. Sie sind sehr eigenbestimmt und brauchen daher das Gefühl, dass sie einen wichtigen Part in dem Gespräch haben.

Sprachmuster für Auditive

„Haben Sie vielen Dank für den Termin."
„Vielen Dank an dieser Stelle für Ihre Bestätigung."
„Wie viel Zeit bringen Sie mit?"
„Wir sollten dem Gespräch eine gute Struktur geben, damit wir alle entscheidenden Punkte abhandeln."
„Folgende wichtigen Themen habe ich mitgebracht."
„Welche Fragen und konkreten Punkte haben Sie?"
„Welche Zahlen, Daten und Fakten interessieren Sie besonders?"
„Welche Anforderungen stellen Sie dabei an mich?"
„Was erwarten Sie genau von mir?"
„Wir müssen die Zahlenergebnisse diszipliniert erreichen."
„Folgende Strategie würde ich vorschlagen."
„Wir müssen gezielt und betriebswirtschaftlich geschickt vorgehen. Nutzen Sie Ihre Kenntnisse konsequent und greifen Sie an."
„Ihre Analysen und die darauf abgestimmten Strategien überzeugen mich."
„Ich möchte Sie überzeugen, den Businessplan zu erfüllen Die vorgegebenen betriebswirtschaftlichen Kennzahlen und Ziele müssen unbedingt erreicht werden."
„Ist dies auch Ihre Strategie?"
„Ihr Konzept finde ich sehr durchdacht."
„Ihre Kompetenzen und Ihr Know-how überzeugen mich!"
„Haben wir an alle wichtigen Punkte oder Belange gedacht?"
„Was ist das Fazit aus unserem Gespräch?"
„Gibt es noch Probleme oder unbeantwortete Fragen?"
„Das Gesprächsergebnis ist in Ordnung, lassen Sie uns starten."
„Wann sprechen wir uns wieder?"
„Haben Sie einen konkreten Vorschlag für einen Folgetermin?"

Sprachmuster für einen kinästhetischen Gesprächspartner

Wenn Sie auf einen gefühlvollen Kinästheten treffen, sprechen Sie freundlich und ruhig, argumentieren Sie mit Gefühl und Herzlichkeit. Lächeln Sie und sorgen Sie für eine angenehme und wertschätzende Stimmung. Seien Sie dem Anderen „nah!" Kinästheten sind gern im Kontakt mit ihrem Gesprächspartner. Ein gutes Pacing in diesem Zusammenhang sind beispielsweise dezent eingesetztes Schulterklopfen oder intensives herzliches Händeschütteln, z. B. mit beiden Händen.

Sprachmuster für Kinästheten

„Vielen Dank an dieser Stelle für Ihre freundliche Einladung/Terminbestätigung."
„Welcher Zeitrahmen ist angenehm für Sie?"
„Ich bin sehr erfreut, dass wir uns zusammensetzen."
„Sie haben ein sehr angenehmes Parfüm, ist das neu?"
„Der Kaffee riecht und schmeckt übrigens wirklich lecker."
„Es ist sehr angenehm mit Ihnen, ich fühle mich gleich wohl."
„Es geht heute um die erfolgreiche Erreichung und Planung unserer Ziele. Ich möchte Sie motivieren mitzumachen und vertraue Ihnen."
„Ich bin gespannt und neugierig, welche Themen Sie zu unserem Zusammensein mitgebracht haben."
„Wie fühlen Sie sich derzeit?"
„Ist alles gut oder gibt es Probleme, die Sie belasten?"
„Gern möchte ich meinen Themenkatalog mit Ihnen gemeinsam lösen. Ich brauche Sie und hoffe, dass Sie mir auch vertrauen."
„Ich wäre sehr glücklich, wenn wir auch weiterhin so gut zusammenarbeiten. Wir schaffen das, das fühle ich!"
„Welche Bedürfnisse und emotionalen Erwartungen haben Sie an mich in diesem Gespräch? Kann ich irgendwie noch helfen?"
„Welche menschlichen und fachlichen Anforderungen bewegen Sie dabei besonders? Wo hakt es eventuell oder wer hindert Sie?"
„Ich möchte Ihnen Lösungen nahebringen und hoffe sehr, dass ich Sie hierfür begeistern kann. Wenn wir das Ergebnis schaffen, feiern wir den Erfolg mit einem schönen gemeinsamen Essen plus leckerem Vino."
„Sie können sich voll und ganz auf mich verlassen."
„Ich habe ein sehr gutes Gefühl am Ende unseres Gesprächs."
„Es würde mich freuen, wenn wir positiv auseinandergehen und den nächsten Schritt verabreden. Wie empfinden Sie unser Gespräch?"

Magische Worte zur VAKOG-Motivation von Gesprächspartnern

Die anschließende Tabelle beinhaltet Worte, die der jeweilige Typus gern hört. Lesen Sie diese und ergänzen Sie die jeweilige Tabelle um magische Worte, die Ihnen zu dem jeweiligen Typ einfallen.

Visuell	Auditiv	Kinästhetisch
Sehen	Hören	Fühlen
Vorstellung	Strategie	Glück
Vision	Zahlen	Gemeinsamkeit
Ziel	Daten	Geborgenheit
Zukunftsbild	Fakten	Wärme
Farben	Businessplan	WIR
Schön	Struktur	Empfindung
Bunt	Zuverlässigkeit	Angenehm
Erfolg	Controlling	Zufriedenheit
Unterhaltsam	Text	Mitreißend
Motivierend	Klang	Spaß/Freude
Veranschaulichung	Überzeugung	Schmecken
Blumenstrauß	Cashflow	Essen
Brillant	Wirtschaftlichkeit	Geruch

Heimatgebietsspezifische Sprachmuster

Nicht nur die Kommunikationstypen, auch die jeweiligen Heimatgebiete können durch gezielte Redewendungen besser erreicht werden.

Sprachmuster für die jeweiligen Heimatgebiete Ihrer Gesprächspartner

1. Die Dauermenschen

*„Für Menschen mit einer **Dauerausrichtung** sind folgende Werte von größter Wichtigkeit: Zuverlässigkeit, Pünktlichkeit, Sparsamkeit, Wille und Disziplin, Verantwortung, Planung, Vorsicht, Kontrolle, Ziele, Gesetze, Kontinuität, Notwendigkeit, Verbindlichkeit, Treue, Grundsätze, Regeln, Analysieren, Stabilität, Pflicht, Dauerhaftigkeit, Konsequenzen. ‚Dauermenschen' sind sehr verlässlich, systematisch, gründlich, ordentlich, sie haben Organisationstalent und sind prinzipientreu. Sie neigen aber auch dazu, manchmal langweilig, unflexibel, pedantisch und stur zu sein."*[6]

Der Dauer-Typ braucht daher für die eigene Motivation Sicherheit, das Bewährte, weil er Angst vor Veränderung hat. Dieser Typus geht ungern aus seiner für ihn bekannten Komfortzone heraus. Daher müssen Sie ihn mit den magischen Worten aus eben dieser Zone „hervorlocken"!

Sprachmuster für den Dauer-Typen

„Vielen Dank für Ihre Pünktlichkeit."
„Wir sollten so wie immer vorgehen."
„Den Zeitrahmen sollten wir auf jeden Fall einhalten."
„Ich schätze Ihre Disziplin und Zuverlässigkeit."
„Wir sollten auf jeden Fall ein Protokoll erstellen."
„Keiner kann das so gut wie Sie!"
„Mit Ihrer bewährten Ordnung und Struktur erreichen Sie mit Sicherheit unsere notwendigen Ziele."
„Ich wertschätze Ihre Ausdauer und Zuverlässigkeit."
„Wir müssen unbedingt die Strukturen und Regeln bei der Zielerreichung bedenken, wir machen es so wie immer."
„Die Vorschriften und Absprachen müssen eingehalten werden. Ich verlasse mich auf Sie und vertraue Ihnen voll!"

---

[6] http://de.wikipedia.org/wiki/Riemann-Thomann-Modell.

„Ihre/Meine Vorschläge sind fundiert, erprobt und werden Ihnen helfen, Fehler bei der Zielerreichung zu vermeiden."
„Sie können sich in Zukunft auf mich 100%ig verlassen."
„Ihr besonnener Umgang mit Geld und Ihre Sparsamkeit sind sehr beeindruckend."
„Das Mobiliar in Ihrem Büro sollte so bleiben. Wir verändern erst einmal nichts."
„Ich würde Sie gern unterstützen und bin davon überzeugt, dass es eine gute Zusammenarbeit geben kann, vertrauen Sie mir bitte!"
„Man spürt Ihr Verständnis für Tradition und Wertschätzung für das Bewährte. Sie sind eine sichere Bank für uns!"
„Sicher werden sich Strukturen ändern, wir müssen ab und zu unsere Komfortzone verlassen, aber gemeinsam schaffen wir das mit Sicherheit."
„Es wird sich nichts ändern, nur so, wie es gut für uns ist."
„Keine Sorge, alles bleibt erst einmal so, wie es immer war."

2. Die Wechselmenschen

„Für Menschen mit einer ***Wechsel-Ausrichtung*** *steht alles Neue und ständig Wechselnde im Vordergrund. Sie sind das Gegenteil der sogenannten Dauermenschen. Alles, was mit Leidenschaften, Reizen, Rausch und Phantasie zu tun hat, ist für sie sehr wichtig. Sie suchen den Genuss, Charme, Kreativität, Temperament, Suggestion, Spontaneität, Risiko, Ideenreichtum, Dramatik und Begehren. Diese Menschen sind stets neugierig, wünschen, suchen, lernen und leben gerne. Sie sind kreativ, einfallsreich, spontan und unterhaltsam. Sie können aber auch unzuverlässig, chaotisch, theatralisch, egozentrisch, geschwätzig und unsystematisch sein."*[7]

Um einen Wechseltypus zu motivieren, muss man ihn unterhalten, weil er eines hasst, und zwar „das Gestern". Er ist leicht über nachstehende magische Worte zu motivieren:

Sprachmuster für den Wechsel-Typen

„Vielen Dank für Ihre Flexibilität."
„Ihre Offenheit und Ihr Interesse für Neues begeistern mich immer wieder."
„Sie sind modern und innovativ. Das hilft, die Ziele zu erreichen. Mit Ihnen macht das wirklich Spaß."
„Ihre Geschäftsstrategie wirkt sehr kreativ, Sie sind ein Mensch des Wechsels und Wandels, prima, wie offen Sie sind. Unsere Zukunft wird gut, davon bin ich überzeugt."

7 ebd.

„Brauchen Sie noch Ideen von mir?"
„Ihre Veränderungsbereitschaft und hohe Flexibilität wird Ihnen und uns helfen, die Ziele zu erreichen."
„Ich schätze Ihre Wendigkeit und Modernität."
„Es ist klasse, dass Sie so gern geschäftlich unterwegs sind und in neuen Hotels übernachten, wenn es beruflich wichtig ist. Das verbindet uns beide (lachen!) Toll, wie Sie das machen. Danke an dieser Stelle für Ihre hohe Flexibilität."
„Gesprächspartner, die so offen sind wie Sie, mag ich gern."
„Ihre Kreativität und Power, mit der Sie unser Unternehmen unterstützen, finde ich richtig klasse!"
„Würde Ihnen eine weitere Herausforderung in unserem Unternehmen Spaß machen? Wie sehen Sie Ihre Ziele?"
„Umstrukturierungen sind zwar anstrengend, aber auch spannend. Ich weiß, Sie sind da jederzeit offen!"
„Neues entdecken und sich schnell darauf einstellen, das können Sie wirklich gut. Das ist eine gute Gabe von Ihnen."
„Es würde mich sehr freuen, wenn wir spannende und aufregende Projekte miteinander umsetzen."
„Ich hätte größte Lust, mit Ihnen die spannende neue Strategie im Vertrieb umzusetzen. Wir werden Erfolg haben!"
„Sie sind im Umgang mit neuen Medien innovativ und nutzen dies gewinnbringend für Ihre Aufgabe und unser Unternehmen. Vielen Dank für Ihr kreatives Know-how."

3. Die Nähe-Menschen

„Folgende Dinge und Gefühle sind für Menschen mit einer ausgeprägten Nähe-Ausrichtung wichtig: Nähe zu anderen Menschen, Bindung, Zuneigung, Vertrauen, Sympathie, Mitmenschlichkeit, Geborgenheit, Zärtlichkeit und Harmonie. Sie brauchen Wärme, Bestätigung, sind selbstlos bis zur Selbstaufgabe, haben soziale Interessen, können sich leicht mit anderen identifizieren und sich selbst vergessen. ‚Nähe-Menschen' sind kontaktfähig, teambereit, ausgleichend, akzeptierend und verständnisvoll.

Sie neigen aber auch zu Abhängigkeit, da sie ungern alleine sind. Sie haben eine Opfermentalität und sind aggressionsgehemmt."[8]

Der Nähe-Typ liebt Gefühle und Nähe! Um einen Nähe-Typ zu motivieren, können nachstehende Sprachmuster helfen.

[8] ebd.

Sprachmuster für den Nähe-Typen

„Ich freue mich sehr, dass wir heute zusammen sind."
„Ich brauche Sie und Ihre menschliche Kompetenz."
„Die Nähe zu Ihnen inspiriert mich immer wieder."
„Gern möchte ich mit Ihnen über das gemeinsame Konzept und unsere Zielplanung sprechen."
„Vor allem ist mir wichtig, dass Sie sich dabei wohlfühlen und mitgehen."
„Ihre Teamfähigkeit schätze ich dabei besonders und freue mich, wenn wir zusammen Erfolg haben. Sind Sie dabei?"
„Womit kann ich Sie unterstützen?"
„Wie kann ich Ihnen eine Freude machen und meine Wertschätzung für Sie zum Ausdruck bringen?"
„Woran erkennen Sie, wie wichtig Sie für uns sind?"
„Was können wir in unserem Team verbessern?"
„Wie kann ich Ihnen und dem Team ein Zugehörigkeitsgefühl geben? Was brauchen Sie, um sich wohl zu fühlen?"
„Ich weiß, Sie sind dort eine wichtige, nicht wegzudenkende Säule."
„Auf Sie kann man sich immer verlassen."
„Es ist wirklich schön, dass wir etwas gemeinsam entwickeln. Wenn Sie Bedenken haben, lassen Sie uns diese zusammen ausräumen."
„Wir vertrauen Ihnen total und schätzen es so, dass wir uns immer auf Sie verlassen können."
„Unsere Harmonie und das gute Klima verdanken wir unter anderem Ihrem Engagement und Ihrer Zuverlässigkeit."
„Was möchten Sie wissen, damit Sie ein gutes Gefühl für eine mögliche gemeinsame Zukunft bekommen?"
„Ist alles OK für Sie – alles gut für Sie am Ende unseres Gesprächs? Fühlen Sie sich wohl?"
„Wann werden wir wieder zusammen sein?"
„Ich bin sehr froh, dass wir alles so gut gemeinsam und harmonisch besprochen haben."

4. Die Distanzmenschen

„Menschen mit dieser Ausrichtung wollen und brauchen genau das Gegenteil von dem, was Nähe-Menschen brauchen: Abgrenzung, Unverwechselbarkeit, Freiheit, Individualität, Eigenständigkeit, rationales Denken und Handeln (‚bloß kein Gefühl'). Sie wollen nicht beeinflusst werden. Sie suchen den Abstand und scheinen erst einmal niemanden zu brauchen. Sie wirken oft kühl und unnahbar. Die Vernunft ist ihnen sehr wichtig.

Erst wenn ihnen in einer Beziehung zu anderen ein hohes Maß an Freiheit und Rückzugsmöglichkeiten garantiert wird, lassen sie sich auf Gefühle und Nähe ein. Sie wollen nicht auf fremde Hilfe angewiesen sein und wirken oft bindungsängstlich und/oder unbeholfen im emotionalen Bereich."[9]

Der Distanz-Typ ist „cool und gern allein" – er braucht Wertschätzung und Respekt. Wenn man diesen Typus motivieren will, helfen nachstehende Sprachmuster.

Sprachmuster für den Distanz-Typen

„Ich danke Ihnen sehr, dass Sie Zeit für den Termin gefunden haben."
„Ich habe einige Themen und hoffe, dass Sie diese genauso interessant finden wie ich. Wollen Sie Ihre Themen oder Fragen zuerst bringen?"
„Ich brauche Sie, um unsere Ziele zu erreichen."
„Keiner ist so unabhängig und kompetent wie Sie in der Erreichung von wichtigen Kennzahlen."
„Sind die Ziele nach Ihrer Einschätzung realistisch?"
„Was sagen Sie zu der Entwicklung in unserem Unternehmen? Haben Sie Vorschläge und Ideen?"
„Gibt es Punkte, die Sie kritisch sehen?"
„Gibt es Punkte, wo ich Sie eventuell unterstützen kann?"
„Was erwarten Sie an dieser Stelle genau von mir?"
„Sie machen das bestimmt am liebsten allein? OK?"
„Falls es für Sie OK ist, können Sie jederzeit Hilfe anfordern."
„Ihre Erfolge geben Ihnen Recht, wir können Ihnen voll vertrauen. Meist hören wir ja lange nichts von Ihnen."
„Gern möchte ich von Ihrer Erfahrung lernen und mit Ihnen die aktuellen Themen besprechen."
„Ihre Schilderungen finde ich sehr überzeugend."
„Mit Ihrer Art gehören Sie zu den Besten unserer Abteilung."
„Man spürt Ihre hohe Fachkompetenz und Souveränität."

---

[9] ebd.

„Wie sehen Sie mit Ihrer Erfahrung das aktuelle Thema, haben Sie Ideen, was wir noch tun oder bedenken sollten?"
„Ihre Meinung ist mir dabei sehr wichtig."
„Ich weiß, Sie sind ein viel beschäftigte/r Mann/Frau."
„Gibt es aktuelle Wünsche, die für Sie und Ihr Wohlbefinden wichtig sind?"
„Wie gehen wir auseinander? Haben Sie noch Fragen?"
„Ist es OK für Sie, wenn wir den nächsten Termin planen?"
„Sie machen das ja doch allein, das weiß ich schon."

Magische Worte zur Motivation der Heimatgebiete

Nachstehend habe ich Ihnen für die jeweiligen vier Heimatgebiete die magischen Worte in der Tabelle aufgelistet, die Sie bei Bedarf nutzen und ergänzen können. Diese Worte können Sie zur Motivation von Mitarbeitern verwenden, deren Heimatgebiete Sie gezielt ansprechen wollen. Ebenfalls soll Sie diese Tabelle anregen, weitere magische Worte zu finden, die die jeweiligen Heimatgebiete Ihrer Mitarbeiter gern hören. Die nachstehend beschriebenen Worte eignen sich gut für das Geschäftsleben, sind aber auch für den Privatbereich anwendbar.

Nähe	Distanz	Dauer	Wechsel
Gemeinsam	Sie allein!	Regelmäßig	Abwechslung
Nähe	Gute Distanz	Keine Veränderung	Veränderung
Wir	Unabhängigkeit	Abstimmung	Flexibel
Harmonie	Kühle im Kopf	Sicherheit	Spaß
Liebe	Ihre Stärke	Zuverlässig	Unterhaltung
Geborgenheit	Durchhalten	Wie immer	Neu
Erfolg im Team	Selbständigkeit	Regeln	Kreativ
Wärme	Autark sein	Struktur	Freude
Zusammen	Souveränität	Klare Vorgabe	Variabel
Glück	Gefühl für Zahlen, Daten, Fakten	Buchhaltung	International
Hilfsbereit	Erfahrung	Sachbearbeitung	Marketing
Großzügig	Entscheidungs-kompetenz	Sparsamkeit	Investieren

Nähe	**Distanz**	**Dauer**	**Wechsel**
Meeting	Vorsitz	Protokoll	Werbung
Treffen	Moderation	Vorgabe	Witzig
Vertriebseinheit	Zielorientiert	Alles bleibt so wie es ist	Promotions-veranstaltung
Gruppenreise	Kompetent	Wiederkehrende Abläufe	Reiselust
Incentive-Veranstaltung	Eigenbestimmung	Nachvollziehbarkeit	Schöne Hotels
Feiern	Selbstbewusst	Anleitung	Ausland
Gemeinsames Essen	Strategie	Rezept	Neue Projekte
Freuen	Erfolg	Hilfestellung	Herausforderung

Die vorgenannten Inhalte dienen als bewusste Vorbereitung für die aktive Gesprächsführung mit Mitarbeitern. Die Kenntnis über die Wahrnehmung und Heimatgebiete hilft Ihnen, Gesprächspartner noch besser für Ihre Ziele zu motivieren. Lernen Sie die magischen Worte so anzuwenden, dass Sie Ihre Gesprächspartner „mitreißen" und sie für Ihre diversen Unternehmens- und Teamziele begeistern.

Im nächsten Kapitel zeige ich Ihnen ein Modell, in dem Sie Ihre neuen Kenntnisse auf einer idealen Gesprächsstruktur anwenden können.

Kapitel IV: Erfolgreiche Gesprächsführung

Das 5-Phasen-Modell

Dieses Kapitel bietet Ihnen eine optimale Struktur für die unterschiedlichen Anlässe von Mitarbeitergesprächen an, wobei es folgende Gesprächstypen gibt:

1. Motivationsgespräch
2. Kritikgespräch

Ich empfehle Ihnen grundsätzlich, jedes Mitarbeitergespräch in fünf Phasen einzuteilen. Diese Struktur wird Ihnen helfen, Ihre Gesprächsziele in einem guten Zeit- und Führungsrahmen zu erreichen. Die auf den vorangegangenen Seiten geschilderten kommunikativen Sprachmuster sollten hier idealerweise angewendet werden.

Phase I: Pacing und Vertrauen

Schaffen Sie eine gute Atmosphäre und erzeugen Sie Vertrauen. Selbst wenn es sich um ein kritisches Gespräch handelt, sollten Sie den Mitarbeiter erst einmal ankommen lassen. Finden Sie einen guten Rahmen, in dem Sie ungestört und wertschätzend mit Ihrem Mitarbeiter sprechen können. Setzen Sie hier eine gemeinsam abgestimmte Zeitspanne fest und starten Sie, nachdem ein gewisser Entspannungsgrad entstanden ist.
Nutzen Sie die Sprachmuster, die Sie bereits kennengelernt haben.

Phase II: Ziel benennen

In dieser Phase benennen Sie Ihr Gesprächsziel (Themen wie z. B. Probleme oder Zielerreichung) und bieten dem Mitarbeiter das Gleiche an. Hier wird auch benannt, ob alles weitgehend im grünen Bereich oder ob die Situation kritisch ist.

Phase III: Wer macht was?

In dieser Phase wird konkret besprochen, wer welche Verantwortung übernimmt und wer was selbst macht. Der Mitarbeiter hat auch die Möglichkeit, um Hilfe zu bitten. Alle Probleme oder Themen werden hier ausführlich besprochen und es werden mögliche Lösungen erarbeitet.

Phase IV: Wo gibt es mögliche Widerstände?

Hier wird geklärt, ob es noch Einwände oder Hindernisse geben könnte, die einer Zielerreichung im Wege stehen. Der Mitarbeiter kann diese benennen, um gemeinsam mit der Führungskraft eine befriedigende Lösung zu finden. Man nennt diese Phase auch „Öko-Check“. Der Öko-Check ist eine Art Wächter und hilft, jedwede Behinderung zu erkennen und durch kreative Ideen auszuschalten.

Phase V: Fazit

Nachdem alle möglichen Hinderungsgründe besprochen und weitgehend gelöst sind, empfehle ich ein Ergebnis des Gesprächs zu ziehen: „Was ist das Fazit unseres Gesprächs?“

In dieser Schlussphase werden die besprochenen Inhalte nochmals kurz zusammengefasst und idealerweise in einem Gesprächsprotokoll festgehalten. Hier haben sowohl die Führungskraft als auch der Mitarbeiter die Möglichkeit, noch fehlende Punkte zu benennen. Notfalls werden weitere Termine festgelegt. Wir empfehlen als Gesprächsprotokoll den folgenden Gesprächsleitfaden mit oder ohne Ampelsystem.

Das Ampelsystem steht für die Farben rot, grün und gelb. Beim Gesprächsleitfaden nimmt man z. B. statt der Ziffer 1 einen grünen Smiley für „Stimmung ist gut“, statt 2 für „Stimmung leicht angespannt“ einen gelben Smiley, statt 3 nimmt man einen orangenen Smiley für „Stimmung kritisch“ und letztendlich für die Zahl 4 einen roten Smiley für „Kündigung im Anmarsch!“. Dieses Procedere ist dann sinnvoll, wenn man den Leitfaden über einen Farbdrucker ausdrucken kann. Kunden haben sich hier z. B. über ihre Druckerei diesen Bogen als Block drucken lassen und für jedes Gespräch die Blätter abgetrennt.

Der Gesprächsleitfaden

Der Gesprächsleitfaden ist auf den fünf Phasen aufgebaut (im Leitfaden als P I bis P V dargestellt). Wenn Sie ihn wie beschrieben einsetzen, werden Sie souverän wirken und alle Bereiche zufriedenstellend besprechen und auch meist lösen können.
Sie können jedes Mitarbeitergespräch gut vorbereiten und die Kernthemen, die Sie für das geplante Gespräch haben, dort eintragen. Somit geht nichts verloren und Sie führen ein Gespräch „gezielt“!

Die Stimmungsfelder eins bis vier helfen Ihnen, die aktuelle Stimmungslage mit dem Mitarbeiter auf einer Art Stimmungsskala zu benennen. Kreuzen Sie vor dem jeweiligen Meeting Ihren Zufriedenheitsgrad an und geben Sie dem Gesprächspartner hierüber Feedback, damit er weiß, woran er derzeit bei Ihnen ist.

1. Kästchen: Derzeitige Stimmung ist sehr gut
2. Kästchen: Derzeitige Stimmung ist leicht angespannt
3. Kästchen: Derzeitige Stimmung ist kritisch
4. Kästchen: Derzeitige Stimmung kurz vor Kündigung

Seien Sie trotz eventuell angespannter Stimmungslage eine souveräne Führungskraft. Leiten Sie das Gespräch freundlich ein und geben Sie den Zeitrahmen genau vor. Das wirkt professionell und schafft Akzeptanz. Behandeln Sie den Mitarbeiter so, wie Sie selbst behandelt werden möchten. Benennen Sie Ihre Themen und Ziele konkret und hinterfragen die Themen und Ziele des Mitarbeiters, die ihn gerade besonders beschäftigen.
Hören Sie dabei aktiv zu, achten Sie auf einen guten Blickkontakt und „führen“ Sie auch durch gezieltes Hinterfragen. Verteilen Sie Ihre Redeanteile fair und geben Sie dem Mitarbeiter Raum für seine Gesprächsanteile. Hinterfragen Sie die Wünsche, die der Mitarbeiter an Sie hat. Besprechen Sie, welche Aktivitäten der Mitarbeiter selbst unternehmen wird, damit er Eigenverantwortung einbringt. Überlegen Sie ebenfalls, welche weiteren Aspekte oder zusätzlichen Personen miteinbezogen werden müssen.
Achten Sie auf ein gutes „Pacing“ während des gesamten Gesprächs und denken Sie an das VAK-Modell sowie die Heimatgebiete mit den Sprachmustern. Notieren Sie alle wichtigen Punkte, tragen Sie diese auf die beiden

Seiten des Gesprächsleitfadens oder auf einen separaten Block ein, wenn der Platz nicht ausreichen sollte. Finden Sie gute, gemeinsame und realisierbare Lösungen und beenden Sie das Gespräch mit den Fragen: „Was ist das Fazit dieses Gesprächs, wie gehen wir jetzt auseinander? Wann sehen wir uns wieder?" Am Ende unterschreiben beide das Protokoll, damit keine Inhalte verloren gehen. Geben Sie dem Mitarbeiter eine Kopie mit. Das ist fair und dieser hat somit ein schriftliches Protokoll, das er zum nächsten Gespräch mitbringen kann.
Wir haben diesen Leitfaden mehrfach erprobt. Er bietet eine ehrliche, konsequente und sehr verbindliche Basis. Jeder weiß, woran er ist. Hinzu-Motivation entsteht häufig durch eine strukturierte Vorgehensweise, die eine gute Mischung zwischen Strenge und Motivation beinhaltet.

Gesprächsleitfaden für Führungskräfte und Mitarbeiter:

Blatt 1

Datum: ____________________ Zeitraum: ____________________

Führungskraft: ____________________ Mitarbeiter: ____________________

P I

1. ☐ Stimmung ist sehr gut
2. ☐ Stimmung ist leicht angespannt
3. ☐ Stimmung ist kritisch
4. ☐ Stimmung kurz vor Kündigung

P II

Themen aus Sicht Führungskraft	Themen aus Sicht Mitarbeiter
■ ____________________	■ ____________________
■ ____________________	■ ____________________
■ ____________________	■ ____________________
■ ____________________	■ ____________________
■ ____________________	■ ____________________

Ziele aus Sicht Führungskraft	Ziele aus Sicht Mitarbeiter
■ ____________________	■ ____________________
■ ____________________	■ ____________________
■ ____________________	■ ____________________
■ ____________________	■ ____________________
■ ____________________	■ ____________________

P III

Wünsche an die Führungskraft (Unterstützende Maßnahmen)

- ■ ____________________
- ■ ____________________
- ■ ____________________
- ■ ____________________
- ■ ____________________

Gesprächsleitfaden für Führungskräfte und Mitarbeiter

Blatt 2

Datum: ____________ Zeitraum: ____________

Führungskraft: ____________ Mitarbeiter: ____________

P III

Was macht der Mitarbeiter selbst?

- ____________
- ____________
- ____________
- ____________

P IV

Was muss sonst noch bedacht werden?/Wer könnte sonst noch helfen?

- ____________
- ____________
- ____________
- ____________

P V

Was ist das Fazit des Gesprächs?/Anmerkungen

- ____________
- ____________
- ____________
- ____________

- Stimmungslage am Ende des Gesprächs: ☐ (1–4)

Folgetermin:			
Folgetermin:			

Führungskraft

Unterschrift: ____________

Mitarbeiter

Unterschrift: ____________

Mitarbeiterfälle

Nachfolgend finden Sie Beispiele für eine Gesprächsführung, die auf dem 5-Phasen-Modell mit dem Gesprächsleitfaden basiert.
Im Hinblick auf die Gesprächsführung und Motivation von Mitarbeitern möchte ich Sie mit diesem Kapitel anregen, generell darauf zu achten, dass Sie als Führungskraft für eine „gute Stimmung" in Ihrer Abteilung sorgen und Ihre Mitarbeiter regelmäßig motivieren. Seien Sie mit Ihren Mitarbeitern oder Vertriebsteams bewusst im Kontakt, zeigen Sie Präsenz und engagieren Sie sich für die Menschen, die Ihnen anvertraut wurden. Denken Sie daran: Die beste Verbindung zu einem Mitarbeiter oder Gesprächspartner ist das Lächeln. Gehen Sie morgens durch die Abteilung und begrüßen Sie Ihre Mitarbeiter, wenn das zeitlich möglich ist und/oder schicken Sie regelmäßig motivierende Mails, in denen es nicht nur um Zahlen, Daten, Fakten, sondern auch um etwas Positives geht.

Ihr Team soll sich mit Ihnen identifizieren und sich über Ihre Gegenwart freuen, dann steigen meist auch die Zahlen und Ihre Mitarbeiter gehen im wahrsten Sinne des Wortes für Sie durchs Feuer! Ich empfehle eine gute Mischung aus motivationswirksamer Nähe und gezielt eingesetzter Strenge und Distanz. Dies habe ich als Coach mit Führungskräften trainiert und der Erfolg gab uns Recht. Denken Sie daran, die Zahlen müssen stimmen, dafür sind Sie verantwortlich!
Ihre Mitarbeiter sollen Sie wertschätzen, aber auch einen guten Respekt Ihnen gegenüber empfinden. Fallen Sie deshalb nie aus der Rolle, seien Sie ein vorbildliches, empathisches, aber auch konsequentes Modell. Finden Sie hier ein gutes Mittelmaß, Ihre Firma und Mitarbeiter werden es Ihnen danken. Das verspreche ich Ihnen!

Nachstehend möchte ich Ihnen bezogen auf die Stimmungslagen zwei bis vier des Gesprächsleitfadens drei reale Gesprächsbeispiele aus meinem Coach-Alltag schildern. Es geht in diesen Beispielen darum, Ihnen die Anwendung des Gesprächsleitfadens und das gezielte Umsetzen der fünf Phasen zu zeigen. Diese fünf Phasen können Sie wie eine Art Schablone auf jedes Gespräch legen, das Sie führen. Ob im Büro, beim Kunden oder zu Hause: Sie werden sehen, die Gespräche haben am Ende ein gutes Fazit, es werden auf jeden Fall Ergebnisse erzielt und es wird nicht „herumgeeiert"! Achten Sie dabei generell auf gute Umgangsformen, schauen Sie Ihr Gegenüber an, hören Sie aktiv zu und ziehen Sie Ihr Vorhaben angemessen, aber klar und verbindlich durch! Und nehmen Sie sich Zeit!

Fall 1: Motivationsgespräch mit Herrn Morton ILL

Bestandsaufnahme/ Eckdaten:

Leistungseinbruch bei langjährigem Mitarbeiter
Heimatgebiete: Distanz, Dauer
VAK-Ausprägung: auditiv, kinästhetisch
Stimmungslage □ 2

Problemstellung:

Morton ILL, 35, ist seit sechs Jahren angestellter Vertriebsmitarbeiter im Unternehmen, hat aber hinsichtlich seines Arbeitseinsatzes in den letzten vier Monaten deutlich nachgelassen. Er hat sich für fast 20 Tage krank gemeldet. Ihnen ist zu Ohren gekommen, dass er sich bei einem anderen Unternehmen beworben hat.

Bislang haben Sie Herrn ILL sehr geschätzt. Er war immer zuverlässig und engagiert und Sie konnten sich auf ihn und seine Arbeitsergebnisse jederzeit verlassen.
Als Grundlage für das Gespräch nutzen Sie den Gesprächsleitfaden.
Bezüglich der Kernthemen haben Sie sich folgende Punkte notiert:
1. Motivationslage von Herrn ILL?
2. Krankmeldung von 20 Tagen
3. Verbesserung der Leistungsskala!
4. Lösungen finden
Sie haben Herrn ILL in Ihr Büro gebeten und führen ein Gespräch basierend auf dem 5-Phasen-Modell.

Phase I: Atmosphäre und Vertrauen aufbauen

„Guten Tag, Herr ILL, schön, dass wir jetzt Zeit finden, uns zusammen zu setzen, um einige wichtige Themen zu besprechen. Ich habe eine gute Stunde Zeit für Sie – ist das OK für Sie? Nehmen Sie bitte Platz. Möchten Sie etwas trinken?“

Phase II: Themen und Ziele benennen

„Herr ILL, ich habe Sie heute um ein Gespräch gebeten, weil ich einige wichtige Punkte habe, die ich mit Ihnen besprechen muss. Meine Themen für unser Meeting sind daher folgende (*Themen des Abteilungsleiters*):

- Mich interessiert Ihre derzeitige Motivation/Identifikation.
- Ihre Krankmeldung (20 Tage in vier Monaten)
- Daraus resultierend die unbefriedigende Zielerreichung
- Lösungsmöglichkeiten /Unterstützung

Sie haben sicherlich auch Themen, die wir gern einbauen können. Welche sind das?“

Als Themen führt Herr ILL an:

- Fusion der Firma
- Umstrukturierung der Büroabteilung
- Neue EDV-Anlage
- Schlechte Einweisung und Unterstützung

Sie tragen sich als Erstes die Punkte von Herrn ILL auf Ihren Gesprächsleitfaden ein und beginnen mit

Phase III: Diskussion der Themen und Lösungen finden

Die Argumente aus Sicht des Vorgesetzten sind folgende:

„Herr ILL, ich muss feststellen, dass Sie in den letzten vier Monaten 20 Tage krank waren. Das bedeutet für uns ein großes Problem! Woran liegt es, dass Sie erkrankt sind und geht es Ihnen wieder besser? Ich habe Ihre Arbeitsweise und Fachkompetenz seit Ihrem Beginn bei uns immer sehr geschätzt. Sie waren stets zuverlässig und haben eigenverantwortlich Ihre Sache durchgezogen. Dies hat sich aber geändert. Was ist passiert?"

Die Argumente aus Sicht von Herrn ILL lauten:

„Durch die Fusion unseres Hauses hat sich alles verändert. Die Arbeitsabläufe sind komplett andere geworden. Ein bislang gut eingespieltes Kollegenteam ist auseinanderdividiert worden. Mein Arbeitszimmer wurde mir weggenommen und ich muss jetzt in einem Großraumbüro arbeiten. Dort ist es laut, jeder kommt und geht, wann er will. Wie Sie wissen, muss ich viel mit Kunden telefonieren, hierzu brauche ich Ruhe und kann keine Hektik gebrauchen. Dies ist momentan aufgrund des Geräuschpegels nur schwer möglich. Bisherige eingespielte Arbeitsabläufe sind neu von der Geschäftsleitung strukturiert worden. Das kostet Zeit und nervt ehrlich gesagt.

Die neue EDV-Anlage trägt ihr Übriges zum allgemeinen Chaos bei. Viele Kundendaten kann ich schlecht zuordnen, Bestellungen und der Versand funktionieren nicht rund. Keiner hat so richtig Zeit für mich, da ich mit der Anwendung des Programms nach einer kurzen Einweisung noch nicht zurechtkomme. Ich brauche noch Zeit, um das Programm richtig zu verstehen. Es ist so vieles neu!"

Es folgt die Antwort aus Sicht des Vorgesetzten:

„Zunächst möchte ich mich für Ihre Offenheit bedanken. Ich weiß, dass momentan vieles unrund läuft. Mir geht es ganz ähnlich. Allerdings sollten wir als eingespieltes Team eine gute Lösung für Sie und uns insgesamt finden. Es gibt immer Zeiten der Veränderung, wir müssen uns dem aber stellen und dürfen nicht in die Vermeidung gehen. Mein

Wunsch ist, dass Sie sich wieder fit und wohl in unserem Hause fühlen. Was genau können wir verändern, damit Sie wie in alten Zeiten erfolgreich sind und gern in die Firma kommen? Was erwarten Sie von mir? Wie kann ich Ihnen helfen? Was können Sie selbst als bislang geschätzter Mitarbeiter eigenverantwortlich tun?"

Die Wunschliste von Herrn ILL ist umfangreich:

„Ich wünsche mir als Erstes wieder einen Arbeitsplatz, an dem ich ungestört mit meinen Kunden telefonieren und sie betreuen kann. Störungen mag ich überhaupt nicht, ich arbeite am liebsten allein und brauche, wenn ich telefoniere, absolute Ruhe. Ferner brauche ich dringend Unterstützung für die EDV und klare Zuständigkeiten für die optimale Betreuung unserer Interessenten und Kunden.

Und – ich wünsche mir mehr Gehalt! Ich bin seit sechs Jahren dabei und habe immer noch keine Gehaltserhöhung bekommen! Ich sag's ganz ehrlich: Ich habe ein sehr lukratives Karriereangebot bekommen und bin kurz davor, mich hierfür zu entscheiden. Ich bekomme dort einen größeren Verantwortungsbereich, mehr Gehalt und sogar ein eigenes Büro!"

Tipp: Versuchen Sie die Kündigung des Mitarbeiters zu verhindern

Wenn Sie mit den Ressourcen und Fähigkeiten Ihres Mitarbeiters bislang zufrieden waren, dann sollten Sie die Argumente ernst nehmen. Sie wissen von Ihren Kunden, dass Herr ILL als Berater sehr geschätzt ist. Er kennt das Unternehmen und hat eine sehr gute Fachkenntnis der Produkte. Die Einarbeitung eines neuen Kollegen wäre mit einem hohen Zeit- und Kostenaufwand verbunden!

Daher enthält die Antwort aus Sicht des Vorgesetzten Zugeständnisse:

„Herr ILL, vielen Dank für Ihre offenen Worte, gut zu wissen, woran wir sind! Ich schlage Folgendes vor: Wir machen ein Meeting mit dem Geschäftsführer, da ich die aktuelle Neuaufteilung der Räume noch nicht im Detail kenne. Ich weiß aber, dass er Ihre immer guten Zahlen schätzt. Bei der Gehaltserhöhung sollten wir ihn ebenfalls in die Planung mit einbinden, das kann ich nicht allein entscheiden. Wir werden versuchen, einen für Sie angenehmen Arbeitsplatz zu finden. Falls ich kein Einzelbüro finde, wären Sie bereit, mit einem angenehmen Wunschkollegen in einem etwas größeren Raum mit Arbeitsplatz-Trennwand zu arbeiten?

Ich möchte nochmals meine Wertschätzung für Sie ausdrücken und Ihnen sagen, dass ich Sie als Mitarbeiter auf keinen Fall verlieren will."

Phase IV: Was müsste sonst noch bedacht werden?/Wer könnte sonst noch helfen?

Diese Fragen gilt es hier zu diskutieren. Wichtig ist, dass Sie sich auf Ihren Mitarbeiter voll einlassen und ihn wertschätzen. Wenn er Ihre authentische und ehrliche Absicht spürt, haben Sie die Chance, dass er trotz möglicher nicht zu ändernder Widerstände bleibt. Für ihn ist es wichtig, dass seine Argumente ernstgenommen werden.

Herr ILL hat das Heimatgebiet Dauer und möchte am liebsten bleiben. Veränderungen mag er nicht so gern, daher haben Sie gute Chancen, ihn zu halten. Allerdings müssen die Änderungen bzw. Zusagen „verlässlich" sein, da er „hört" und sich Aussagen „gut merkt", diese sind für ihn wie eine Art „Vertrag".
Fragen Sie in dieser Phase nach weiteren Widerständen, die es noch über die vorab besprochenen Punkte hinaus geben könnte:

> „Haben wir aus Ihrer Sicht jetzt alle wichtigen Punkte besprochen oder muss ich noch weitere Punkte konkret aufnehmen? Gibt es noch weitere Widrigkeiten aus Ihrer Sicht? Was erwarten Sie konkret bis wann von mir und der Geschäftsführung? Wenn wir die Punkte klären, die Ihnen wichtig sind, bleiben Sie dann bei uns? Kann ich dann wieder mit Ihrem vollen Einsatz rechnen?"

Erfassen Sie die Höhe des Gehaltswunsches und notieren Sie sich alle Punkte, die Herr ILL als Kritikpunkte benennt.

Phase V: Fazit des Gesprächs

An dieser Stelle sollten Sie nochmals die besprochenen Inhalte genau zusammenfassen und mit Ihrem Mitarbeiter am Schluss gemeinsam verabschieden:

> „Herr ILL, ich danke Ihnen nochmals für das Gespräch und dafür, dass Sie mir Ihre Argumente benannt haben. Wir sollten jetzt an die konkrete

Umsetzung und Lösung aller Gesprächspunkte gehen, damit wir wie in alten Zeiten erfolgreich zusammenarbeiten. Ich möchte daher die wichtigsten Punkte unseres Gesprächs zusammenfassen – bitte ergänzen Sie diese, falls ich etwas vergessen habe."

Gehen Sie die Punkte, die Sie stichpunktartig in den Gesprächsleitfaden eingetragen haben, nochmals gemeinsam durch und legen Sie jetzt ferner den weiteren Zeitplan fest, wie Sie konkret weitermachen (z. B. Gesprächstermin/e mit dem Geschäftsführer oder anderen Schnittstellen, Kollegen, Arbeitsplatzlösung, Gehaltserhöhung, Einweisung ins EDV-Programm). Diese verbindliche und konsequente Darstellung führt dazu, dass der Mitarbeiter sich verstanden und ernst genommen fühlt. Ideal ist es, wenn Sie beide am Ende das Protokoll inklusive Datum unterschreiben. Geben Sie Ihrem Mitarbeiter eine Kopie mit.

Fall 2: Kritikgespräch mit Herrn Alex Spring

Bestandsaufnahme/Eckdaten:

Mitarbeiter fängt alles an und verzettelt sich
Heimatgebiete: Wechsel, Nähe
VAK-Ausprägung: visuell-kinästhetisch
Stimmungslage □ 3

Problemstellung:

Sie haben einen freien Handelsvertreter, Herrn Alex Spring, in Ihrem Vertriebsteam. Dieser ist 32 Jahre alt, Versicherungskaufmann und seit zweieinhalb Jahren für Sie tätig. Vorher war er bei einem der größten Versicherer als Agentur mit eigenem Kundenbestand. Im Unternehmen haben Sie ihm den Einstieg durch hohe Zuschüsse und Garantien erleichtert und sich sehr für diesen Berater engagiert. Herr Spring hat die Versicherungsagentur eines ausgeschiedenen Beraters übernommen, der zur Konkurrenz gewechselt ist. Den Kundenbestand des ausgeschiedenen Beraters haben Sie auf Herrn Spring übertragen (ca. 1000 Kunden, betreute Sparten LV, KV, SHU und Kfz). Herr Spring ist in seiner Region als Berater gut bekannt und hat dort über Jahre in seiner Versicherungsagentur gearbeitet.
Sie selbst sind Verkaufsleiter der Versicherung, bei der Herr Spring eingestiegen ist, und arbeiten dort als angestellte Vertriebsführungskraft. Sie führen ein Beraterteam von sechs Verkäufern und haben Herrn Spring für Ihr Unternehmen gewonnen. Sie mögen ihn, sind allerdings mit seinen Ergebnissen mehr als unzufrieden. Ihr Filialdirektor hat Sie auf die schlechten Produktionsergebnisse von Herrn Spring angesprochen und gebeten, ein Kritikgespräch anzusetzen. Die Lage und Stimmung ist kritisch! Ihnen ist zu Ohren gekommen, dass Herr Spring im Umgang mit seiner Innendienstkraft manchmal sehr launisch ist, was dazu ge-

führt hat, dass diese Kraft, die schon beim Vorgänger von Herrn Spring das Büro führte, gekündigt hat.
Es geht jetzt darum, die versprochenen Garantien und Zuschüsse für diesen Berater zu kürzen und ihn – falls sich seine Ergebnisse nicht ändern – eventuell durch einen neuen Vertriebspartner zu ersetzen. Letzteres möchten Sie auf keinen Fall, denn Sie haben sehr viel Zeit in die Gewinnung von Herrn Spring gesteckt. Außerdem wissen Sie, was eine mögliche Fluktuation an Kunden- und Imageverlust bedeuten würde.
Aus diesem Grund haben Sie ein Meeting mit Herrn Spring angesetzt und ihn um ein Gespräch gebeten. Sie eröffnen das Gespräch.

Phase I: Atmosphäre und Vertrauen aufbauen

„Guten Tag, Herr Spring, es freut mich, Sie zu sehen, schön, dass Sie da sind und wir uns heute zusammensetzen. Haben Sie Lust auf einen leckeren Kaffee? Gut schauen Sie aus, wie geht es Ihnen?"

Phase II: Themen und Ziele benennen

„Herr Spring, so leid es mir tut, heute habe ich ein paar nicht so schöne Themen. Die Stimmung ist derzeit echt kritisch. Es geht mir heute um folgende Themen:

- Ihre schlechten Produktivitätsergebnisse
- Problemanalyse der Ist-Situation
- Eventuell Kürzung der Garantien und Zuschüsse
- Lösungsmöglichkeiten/Unterstützung

Hierüber möchte ich ausführlich mit Ihnen sprechen und hoffe, dass wir gute gemeinsame Ziele entwickeln können. Welche Themen haben Sie mitgebracht?"

Die Themen von Herrn Spring lauten:

- Vorgänger greift Kundenbestand an
- Neukundengeschäft zäh
- Innendienstkraft ausgeschieden
- Zeitmanagement schwierig
- Fluktuationsgedanken/Konkurrenzangebot

Sie tragen sich als erstes die Punkte von sich und Herrn Spring in Ihren Gesprächsleitfaden ein und beginnen mit

Phase III: Diskussion der Themen und Lösungen finden

Aus der Sicht eines Verkaufsleiters benennen Sie die Probleme folgendermaßen:

> „Herr Spring, wir haben Sie seit zweieinhalb Jahren durch unsere Abteilung, mich und unsere Spezialisten aktiv in Ihrer Produktivitätsentwicklung unterstützt. Wir beide wussten, dass Ihr Vorgänger zur Konkurrenz geht und die Umdeckung Ihres Bestandes nicht einfach sein wird. Laut Ihrer Einschätzung sollte dies kein Problem werden. Ihre Umsatzzahlen sind allerdings immer noch nicht zufriedenstellend. Die Garantien und Zuschüsse, die wir Ihnen zahlen, stehen in keinem Verhältnis zu Ihren tatsächlichen Ergebnissen. Mein Vorgesetzter überlegt daher, die Zuschüsse und Garantien zu kürzen. Uns ist auch zu Ohren gekommen, dass Sie Ihre Innendienstkraft verloren haben, sie hat sich über Ihren Führungsstil bei uns beklagt und uns ihre Kündigung mitgeteilt. Wie kam es zu dieser negativen Entwicklung? Frau Zahm war über 15 Jahre in der Agentur und eine wichtige Säule für die Kunden.
>
> Ich habe Sie heute um das Gespräch gebeten, um mit Ihnen gemeinsam zu überlegen, welche Vision wir beide entwickeln können, damit die Kürzung und eventuelle andere Schritte nicht passieren. Sie sind mir wichtig, ich möchte, dass wir erfolgreich zusammenarbeiten und auch zusammenbleiben."

Herr Spring legt seine Sicht dar:

> „Vor zweieinhalb Jahren habe ich den Kundenbestand übernommen. Ich wusste zwar, dass mein Vorgänger zur Konkurrenz wechselt. Allerdings habe ich mir meine Arbeit bei Ihnen einfacher vorgestellt. Bevor ich zu Ihnen kam, war ich ein sehr erfolgreicher Verkäufer und hatte keinerlei Schwierigkeiten. Meine Agentur war im Ranking ganz oben. Leider reagieren meine Kunden nur bedingt positiv auf den Wechsel zu Ihnen. Damit habe ich nicht gerechnet.
>
> Mein Vorgänger ist seit seinem Ausscheiden sehr aktiv in meinem Kundenbestand unterwegs. Gegen diese Aktivität komme ich kaum an. Deshalb bin ich im Moment sehr frustriert und ziemlich gereizt, auch weil

meine Innendienstmitarbeiterin ausgeschieden ist. Ich weiß, ich habe da Fehler gemacht. Momentan wächst mir alles über den Kopf und sehe das Licht am Ende des Tunnels nicht. Derzeit, das sage ich ganz ehrlich, habe ich ein gutes Alternativangebot von einem demnächst in Ruhestand gehenden Generalagent meiner vorherigen Gesellschaft erhalten und überlege ernsthaft zurückzugehen."

Sie antworten als Verkaufsleiter:

„Herr Spring, zunächst möchte ich mich herzlich für Ihre Offenheit bedanken. Die Entwicklung tut mir sehr leid. Auf keinen Fall möchte ich Sie verlieren. Lassen Sie uns jetzt überlegen, wie wir das negative Ergebnis aktiv verbessern können. Mit welchen Hilfestellungen kann ich Ihnen am besten helfen? Was können Sie selbst aktiv und hoch konzentriert tun? Kann es sein, dass Sie sich verzetteln und zu vieles gleichzeitig tun? Versuchen Sie sich noch mehr auf Ihre Umsatzziele und Ihre Arbeit zu konzentrieren. Oft erreiche ich Sie nicht und dann frage ich mich, wo Sie schon wieder sind – vielleicht auf dem Golf- oder Tennisplatz? In Ihrer Agentur sind Sie nicht, trotz klar definierter Öffnungszeiten (Mo, Mi, Fr von 08:00 – 14:00 Uhr). Das hat mich sehr irritiert. Ihr Anrufbeantworter ist nicht professionell besprochen, manchmal erreicht man gar keinen, das macht einen schlechten Eindruck! Um weiter in Sie und Ihre Agentur zu investieren, ist es uns wichtig, dass Sie ein verlässlicher Leistungsträger sind. Wenn wir das erkennen, lassen wir Sie auf keinen Fall im Stich."

Die Wunschliste von Herrn Spring an den Verkaufsleiter ist:

„Ich brauche dringend Unterstützung im Innendienst, ideal wäre es, wenn ich jemanden hätte, der die Basiskunden telefonisch im Büro betreuen kann und mir ebenfalls Termine bei meinen Kunden und neuen Interessenten macht. Ebenfalls bitte ich Sie, mich finanziell weiterhin zu unterstützen, sonst schaffe ich es nicht und muss tatsächlich zu meinem alten Arbeitsgeber zurückgehen."

Ihre Antwort als Vorgesetzter lautet:

„Meines Erachtens wäre es kein Gewinn für Sie, wenn Sie jetzt wechseln. Dann wäre alles umsonst gewesen. Ihre Kunden werden Sie nicht mehr ernst nehmen. Daher hier ein Vorschlag zur Lösung: Wir haben einen Azubi, den ich für eine bestimmte Zeit in Ihr Büro setzen könnte. Ebenfalls können wir uns überlegen, Kundenaktionen durch unseren Innendienst durchführen zu lassen. Parallel müssten Sie aber eine Stellenanzeige aufgeben. Auf Dauer kann ich den Azubi nicht aus unserem Kernteam abziehen.

Im Hinblick auf Ihr Zeitmanagement habe ich allerdings das Gefühl, dass Sie ein Coaching gebrauchen könnten, das Ihnen hilft, Ihre Zeit noch effizienter zu nutzen. Ihre Beratungsgespräche müssten Sie noch klarer und strukturierter führen, das bringt eine ganze Menge. Sie lassen sich von Alltagsthemen zu leicht ablenken. Wichtig ist, dass Sie konzentrierter bei den aktuellen Vorgängen sind, die Ihnen Geld bringen. Sie müssen insgesamt in allem verbindlicher und konsequenter werden.

Wir können gern gemeinsame Kundentermine planen und ich unterstütze Sie hierbei und gebe Ihnen Feedback. Wir können einen gemeinsamen Businessplan entwickeln, damit Sie noch gezielter die Kundengespräche planen und so führen, dass sie vom Ergebnis finanziell noch vielversprechender sind. Ebenfalls sollten wir Ihren Wochenplan so einteilen, dass alle wichtigen Vorgänge und Zeitpläne erfasst werden. Im Hinblick auf das Auswählen und Führen von Mitarbeitern brauchen Sie ebenfalls ein Coaching. Zudem müssen wir den Filialdirektor überzeugen, noch weiter so viel Geld in Sie zu investieren. Sie sollten auf jeden Fall weiter für uns tätig sein und nicht aufgeben.

Ein möglicher Wechsel würde einen Knick in Ihrer Biografie bedeuten. Davor möchte ich Sie bewahren, also machen Sie aktiv mit!“

Phase IV: Was müsste sonst noch bedacht werden? Wer könnte sonst noch helfen?

Da Sie den Berater auf jeden Fall halten wollen, sollten Sie für das Coaching im Alltag nochmals überlegen, welche weiteren Punkte berücksichtigt werden müssen und an welchen Tagen Sie dies realisieren. Fragen Sie den Vertriebspartner, ob es aus seiner Sicht noch weitere Widerstände (z. B. aus seinem Privatleben) gibt, die ihn beim Erfolg behindern können. Erfassen Sie alle besprochenen Kernthemen und tragen Sie diese in den Gesprächsleitfaden ein. Zeigen Sie dem Gesprächspartner, wie wichtig es Ihnen ist, die besprochenen Inhalte konkret, verbindlich und für beide Seiten nachvollziehbar darzustellen. Nichts soll vergessen werden!

Phase V: Fazit des Gesprächs

Am Ende des Meetings fassen Sie alle besprochenen Kernthemen und die Lösungsschritte in Form von Stichworten, weiteren Terminen usw. in dem Gesprächsleitfaden zusammen. Dokumentieren Sie auch Ihre konkreten Erwartungen, die Sie an den Vertriebspartner haben. Zeigen Sie ihm das Protokoll, versehen Sie es mit einem Datum und unterschreiben Sie es beide. Geben Sie dem Partner eine Kopie mit. Bedanken Sie sich für das Gespräch und die Offenheit und planen Sie die nächsten Termine. Bleiben Sie auf jeden Fall an diesem Berater dran und geben Sie „alles“. Ein Wechsel von ihm zu seinem vorherigen Arbeitsgeber wäre fatal für Ihr Unternehmen. Da er ein Nähe-Typ und visuell ist, wird er es als sehr positiv empfinden, wenn Sie sich kontinuierlich um ihn kümmern. Das wird er Ihnen letztendlich auch danken.

Fall 3: Kritikgespräch Peter Frost Laborleitung/Fehlbesetzung

Bestandsaufnahme/Eckdaten:

Führungskraft
Heimatgebiete: Dauer, Distanz
VAK-Ausprägung: hoch auditiv
Stimmungslage ☐ 4

Problemstellung:

Im dritten Beispiel geht es um eine Führungskraft, Herrn Peter Frost. Dieser war vier Jahre als Biologe in den USA in der Pharmaforschung tätig. Seine Fachkompetenz war hoch, er sprach fließend Englisch und hatte bislang noch keine Führungserfahrung sammeln können. Die Position des Laborleiters reizte ihn, er wollte gern nach Deutschland zurück und bewarb sich daher um die Position des Laborleiters. Der Vorgänger dort war Herr Calm, der nach einer kurzen dreitägigen Einweisung in den wohlverdienten Ruhestand ging.

Bislang herrschte in diesem Labor eine sehr gute, fast freundschaftliche Atmosphäre. Es gab viel zu tun, doch das spielte keine Rolle, weil jeder anpackte. Hinsichtlich der Urlaubszeiten gab es nie Probleme, man kooperierte fair und partnerschaftlich. Herr Calm war viele Jahre im Unternehmen und hat durch seine hohe menschliche und fachliche Kompetenz das Unternehmen und insbesondere die Abteilung geprägt. Nach einigen Tagen der Übernahme durch Herrn Frost veränderte sich die Stimmung in der Abteilung. Keiner wusste so richtig, woher das mulmige Gefühl in der Magengegend kam. Die Stimmung fing an zu kippen. Früher ging man gemeinsam in die Pausen, rauchte eine Zigarette oder traf sich außerhalb der Firma, aber dies hörte schlagartig auf. Herr Frost war maßgeblich an der immer schlechter werdenden Atmosphäre beteiligt.

Bislang war es Usus gewesen, dass Herr Calm morgens jeden Mitarbeiter begrüßte, man trank einen gemeinsamen Kaffee, besprach die wichtigsten Tagesziele und begann mit einer guten Laune seine Arbeit. Es wurde gelacht und viel gearbeitet. Die Labormitarbeiter waren überwiegend visuelle Kinästheten mit den Heimatgebieten Dauer und Nähe, man kooperierte mit viel Freude und Engagement. Es gab auch Auditive, Distanzler, die meist in der Qualitätssicherung arbeiteten, trotzdem lief es gut. Man kannte, schätzte und vertraute sich. Es gab sehr viel zu tun, aber die Projekte wurden kooperativ und rechtzeitig fertiggestellt. Obwohl vieles pragmatisch und entspannt lief – so wurden z. B. Urlaubs- oder Zeitpläne flexibel gehandhabt -, funktionierten die Projekte trotzdem.
Herr Frost hatte die Eigenschaft, dass er überwiegend „ernst" durch die Abteilungen ging und dabei kaum lächelte. Er suchte Einzelgespräche, fragte jeden intensiv aus und kontrollierte alles bis ins Detail. Er achtete penibel auf Bürozeiten, beäugte als Nichtraucher die Raucherpausen, führte darüber sogar Buch und erteilte Abmahnungen. Urlaubspläne wurden von ihm ohne Rücksprache neu eingeteilt, bisherige Absprachen wurden einfach aufgehoben. Dies alles führte zu einer extrem schlechten Stimmung.
Die Stimmung fing insbesondere an zu kippen, als er einzelne Mitarbeiterbefragungen und Leistungsbeurteilungen auf der Basis von strengen Protokollen durchführte, und jeden Einzelnen inquisitorisch über die Kollegen befragte. Der Krankenstand stieg. Die Zeitpläne für die Projekte konnten daher nicht gehalten werden. Die Folgen fürs Unternehmen waren fatal!
Die negative Beziehungslauer (Herr Frost ging gedanklich immer vom Negativen aus), auf die Herr Frost immer eingestimmt war, suchte buchstäblich das Haar in der Suppe, was jeden unsicher machte. Da er über keinerlei Führungserfahrung verfügte und auch an keiner konkreten Führungsausbildung teilgenommen hatte, führte er irgendwie und lag meistens daneben! Seine Strategie hatte er sich aus den USA gemäß dem dort vorherrschenden „Hire and Fire" abgeschaut. Kontrolle und Druck fand er daher schick – nach dem Motto: „Ihre D-N-A passt nicht zu der vom Unternehmen gewünschten und notwendigen Einstellung!" Die Geschäftsführung war zu Beginn der Tätigkeit von Herrn Frost einige Wochen im Ausland, so dass ein korrigierender Eingriff bzw. eine gezielte Einarbeitung von Herrn Frost zu spät erfolgte. „Das Kind war schon in den Brunnen gefallen", denn der wichtigste Biologe und ein sehr erfahrener Chemiker der Abteilung hatten genervt gekündigt. Die beiden Kündigungen seiner besten Labormitarbeiter wurden dem Geschäftsführer nach seiner Rückkehr aus den USA von seiner langjährigen Sekretärin, Frau Patent, in einer Besprechung überbracht.
Frau Patent war viele Jahre im Unternehmen, hoch akzeptiert und eine Art Vertrauensperson, der sich die Labormitarbeiter in ihrer Not anvertraut hatten. Frau Patent sah es als erwiesen an, dass Herr Frost entlassen werden musste, um größeren Schaden vom Unternehmen abzuwenden. Daher bat sie den Geschäftsführer dringend darum, ein Gespräch mit Herrn Frost zu suchen.

Der Geschäftsführer nutzte die Informationen und bereitete sein Gespräch mit Herrn Frost vor. Seine Themen und Ziele für dieses Gespräch sind folgende:

- Zwei Kündigungen aus dem Labor
- Krankenstand der Abteilung
- Führungskompetenz von Herrn Frost
- Positive Lösung oder Kündigung

Herr Frost wird um ein Gespräch gebeten.

Phase I: Atmosphäre und Vertrauen aufbauen

Für das Gespräch wird ein Zeitfenster von eineinhalb Stunden angesetzt. Es findet im Büro des Geschäftsführers statt. Frau Patent wird gebeten, bei dem Meeting mit Herrn Frost anwesend zu sein und dafür zu sorgen, dass keine Störungen stattfinden können.
In dieser Phase stimmt der Geschäftsführer Herrn Frost auf das Gespräch ein und trägt seine Themen vor. Anschließend bittet er Herrn Frost darum, seine Themen und Zielstellungen zu benennen.

Themen von Herrn Frost:

- Keine Führungsausbildung
- Jeder macht, was er will.
- Geschäftsführer nie da
- Keine richtige Einweisung

Der Geschäftsführer trägt die Themen von Herrn Frost in den Gesprächsleitfaden ein und kommentiert diese, indem er die ersten beiden Ziele in die Diskussionsrunde einbringt:

> „Herr Frost, mir ist sehr daran gelegen, dass wir eine gute Lösung finden, die für uns alle vorteilhaft ist. So wie es momentan läuft, kann es auf keinen Fall weiter gehen. Zwei meiner besten Mitarbeiter haben wegen Ihnen gekündigt. Das geht ehrlich gesagt gar nicht! Aus diesem Grunde möchte ich zwei Ziele benennen, die es nur als mögliche Lösung geben kann:
>
> Erstens: Sie geben die Laborleitung auf jeden Fall auf und gehen als Biologe in unser Labor nach Essen. Führungskraft sind Sie dort nicht.
>
> Zweitens: Herr Martin Teamler aus unserem Labor Essen übernimmt ab sofort die Laborleitung und Sie arbeiten unter seiner Führung als Biologe

in dem jetzigen Labor. Dies könnte aber schwer werden, da Sie hier alle Sympathien verspielt haben."

Phase III: Diskussion der Themen und Lösungen finden

Die Argumente von Herrn Frost lauten:

„Ich fühle mich zurzeit sehr ungerecht behandelt. Als wir unser Einstellungsgespräch führten, haben Sie mir aktive Unterstützung und eine gute Einarbeitung zugesagt. Sie wussten zu dem damaligen Zeitpunkt, dass ich bislang noch nicht als Führungskraft gearbeitet habe, aber meine fachliche Kompetenz passte, da Sie daran interessiert waren, mit ausländischen Firmen aus den USA Projekte abzuwickeln. Sie wussten, dass ich diese Erfahrungen bzw. Mängel mitbringe. Herr Calm sollte auch anfänglich länger zur Einarbeitung dableiben, was allerdings nicht erfolgte. Sie und er waren für mich nicht ausreichend da. Ich habe auch das Gefühl, dass in diesem Laden jeder macht, was er will. Allein die Raucherpausen kosten sehr viel Zeit. Ich als Nichtraucher kann das beurteilen. Die Urlaubspläne sind chaotisch, Freundschaften werden berücksichtigt, wo gibt es denn so etwas! Morgens kommt jeder, wann er will, in den USA wäre das unmöglich gewesen."

Der Geschäftsführer antwortet aus seiner Sicht:

„Herr Frost, ich sehe ein, dass Ihre Einarbeitung nicht optimal war, dennoch kann man so, wie Sie es gemacht haben, nicht mit gestandenen Biologen und Chemikern umgehen. Wir sind nicht bei der Bundeswehr, sondern arbeiten seit Jahren mit diesem Team hervorragend zusammen. Sie hätten weniger misstrauisch, toleranter, höflicher und souveräner auf den Einzelnen zugehen müssen. Die Art, wie Sie es machen, zeigt mir, dass Sie nicht in der Lage sind, eine gute Atmosphäre zu ihren Mitarbeitern herzustellen. Ich kann mir leider in dieser Abteilung keine Flops erlauben. Daher entscheide ich jetzt, dass ich Ihnen die Laborleitung sofort entziehe. Ich biete Ihnen an, unter Herrn Teamler als neuem Laborleiter zu arbeiten oder in das Team nach Essen zu wechseln. Letzteres finde ich besser. Hier haben Sie es sicherlich sehr schwer, Ihr Start könnte nicht schlechter sein.

Wenn Sie sich in Essen gut machen und mir hier nichts Negatives zu Ohren kommt, bin ich gern bereit, später in eine Führungsausbildung zu investieren. Ich plane sowieso eine Art ‚Business-Coach-Ausbildung' für meine langjährigen Biologen und Chemiker, das kommt bestimmt gut an und verbessert das Klima.

Wir haben jetzt aktuell ein Zeitproblem, wir müssen mit unseren Projekten fertig werden und können uns keine Kündigungen leisten. Das macht einen schlechten Eindruck auf unsere langjährigen Kunden. Daher brauche ich Ihre sofortige Entscheidung."

Phase IV: Was müsste sonst noch bedacht werden?/Wer kann sonst noch helfen?

Da der Geschäftsführer seine Entscheidung klar formuliert hat, hat Herr Frost jetzt nur noch die weitere Möglichkeit, zu überlegen, ob er eventuell selbst kündigt, da er sich noch in der Probezeit befindet. Beide Parteien vereinbaren an dieser Stelle, dass sie noch einen Tag Bedenkzeit einrichten und dann am kommenden Tag beschließen, wie es konkret weitergeht. Herr Frost muss abwägen, ob er sich aufgrund der gezeigten Ablehnung eine weitere Zusammenarbeit noch vorstellen kann.

Phase V: Fazit des Gesprächs

Beide Parteien verabreden sich für den kommenden Vormittag.
Dort hat jeder die Möglichkeit, die Situation und mögliche Entscheidungen zu präsentieren.
Herr Frost kündigt am nächsten Tag und teilt dem Geschäftsführer mit, dass er sich einem ehemaligen Biologenteam anschließen wird, das hauptsächlich amerikanische Studien für die Pharmabranche durchführt. Die Teammitglieder sind von der Wahrnehmung ähnlich wie er: auditive und introvertierte Tüftler. Herr Frost hat eingesehen, dass es hier aufgrund des schlechten Starts schwer möglich ist, auch als Kollege zukünftig akzeptiert zu werden.
Ebenfalls hat sich Herr Frost entschlossen, in Eigenregie eine Führungsausbildung zu machen. Er hat selbst erkannt, dass man ohne jegliche Führungserfahrung und Kenntnis über Führungsabläufe Mitarbeiterteams nicht führen kann.
Der Geschäftsführer hat die Kündigung akzeptiert. Das Team ist sehr erleichtert. Herr Calm erklärt sich bereit, für die Zwischenphase, bis Herr Teamler kommt, das Labor auf freiberuflicher Basis zu unterstützen. Ihm tut es gut, dass er noch gebraucht wird.

Die drei Fälle zeigen, wie wichtig es ist, jeden Mitarbeiterfall klar zu strukturieren. Die Struktur des Gesprächsleitfadens – das Schaffen einer vertrauensvollen, ehrlichen Atmosphäre (Phase 1), die respektvolle und klare Hinterfragung der Phasen 2 bis 4 und die Erfassung eines konkreten und für beide Seiten nachvollziehbaren Fazits (Phase 5) – führt zu guten Ergebnissen. Achten Sie darauf, dass Sie und Ihr Mitarbeiter auf einer guten Augenhöhe kommunizieren. Klären Sie die Ursachen durch offene Fragen und machen Sie sich Notizen, damit Sie immer im Anschluss des Gesprächs ein Protokoll haben. Gehen Sie aus dem Gespräch als potenzielle Gewinner-Gewinner. Das führt zu Identifikation, Vertrauen und Motivation.

An den drei Fällen können Sie erkennen, dass es vorteilhaft ist, auf jeden Mitarbeiter mit einer auf ihn zugeschnittenen Ansprache einzugehen. Weitere Unterstützung für erfolgreiche Kommunikation finden Sie in dem von Prof. Schulz von Thun entwickelten Modell.

Kommunikationsmodell nach Prof. Schulz von Thun

Das nachstehende Kommunikationsmodell von Prof. Schulz von Thun kann Ihnen weiterhin helfen, Ihr Verständnis von Kommunikation zu vertiefen. Ich selbst schätze es sehr und wende es in Teilbereichen regelmäßig an. Ich habe in meiner Hamburger Zeit Prof. Schulz von Thun mehrfach erlebt und fand ihn und seine Interpretation von Kommunikationsabläufen hervorragend. Seine Sprache und Modelle habe ich als Coach kennen und schätzen gelernt. Prof. Schulz von Thun hat sehr gute Bücher zum Thema Kommunikation geschrieben[10], die ich Ihnen empfehlen möchte. Gerade wenn man Führung als Coaching versteht, erhält man hier wirkungsvolle Interventionen und Tipps, die schnell dabei helfen, Lösungen zu finden. Besonders hervorheben möchte ich das „Innere Team“ und das „Werte- und Entwicklungsquadrat“. Hierdurch lernt man, das Gute im Negativen zu erkennen und Mitarbeiter durch Reframing („neu rahmen“) zu entwickeln.

[10] Friedemann Schulz von Thun: Miteinander R E D E N, Band 1, 2 und 3. RoRoRo Verlag, 2003

Hintergründe zum Modell

Das von Prof. Schulz von Thun entwickelte sogenannte Kommunikationsmodell kann richtig angewandt helfen, Beziehungskonflikte zu vermeiden. Speziell in der Führung von Mitarbeitern ist es wichtig, Nachrichten klar zu formulieren und so zu übermitteln, dass das Gesagte auch richtig verstanden wird und keine Unklarheiten bleiben. Mit den nachfolgenden Tipps haben Sie die Möglichkeit, dieses Modell als Werkzeug in Ihre tägliche Führungsarbeit zu integrieren.

In der menschlichen Kommunikation gibt es einen Sender, der etwas sagt und als Nachricht übermittelt, und es gibt einen Empfänger, der die Nachricht hört. In Anlehnung an das Sender-Empfänger-Modell aus der Nachrichtentechnik verschlüsselt der Sender das, was er mitteilen will, als Nachricht. Der Empfänger ist aufgefordert, die gesendete Nachricht wiederum zu entschlüsseln. Der Empfänger hört zwar die Nachricht, hört aber nicht immer das, was der Sender übermittelt.
So enthält ein und dieselbe gesendete Nachricht neben der eigentlichen Aussage viele „Neben"-Botschaften. Ob er es will oder nicht, der Sender sendet immer auf mehreren Ebenen gleichzeitig. Eine Verständigung hat stattgefunden, wenn die gesendete und die empfangene Nachricht auf allen Ebenen übereinstimmen.

Schulz von Thun stellt diesen Vorgang menschlicher Kommunikation bildhaft durch das Kommunikationsquadrat dar, durch das sich die Vielfalt der Botschaften ordnen lässt. Das Drumherum der Botschaften bestimmt die psychologische Qualität einer Nachricht. Die Aufgabe des Empfängers ist es jetzt, die gesendete Nachricht „richtig" zu entschlüsseln. Bei Missverständnissen in der Kommunikation kann man davon ausgehen, dass die gesendete Absicht nicht mit dem Empfängerresultat übereinstimmt.
Der Sender hat die Möglichkeit, durch Nachfragen zu überprüfen, wie das, was er gesagt hat, beim Empfänger angekommen ist. Diese Rückmeldung des Empfängers an den Sender heißt Feedback. Es beinhaltet, wie der Empfänger die Botschaft des Senders aufgenommen und bewertet hat (positiv oder negativ).
Mit Hilfe des Kommunikationsquadrates kann Kommunikation klarer und verständlicher gemacht werden. Ziel dieses Modells ist es, die zwischenmenschliche Kommunikation zu verbessern und so erfolgreicher zu gestalten. Personen, die damit richtig umgehen können, sind auch in der Lage, in

Konfliktgesprächen professionell und menschlich angemessen zu kommunizieren.

Nach Schulz von Thun hat eine Nachricht vier verschiedene Seiten.

Die vier verschiedenen Seiten einer Nachricht		
1. Sachinhalt	–	Worüber ich informiere
2. Selbstkundgabe	–	Was ich von mir selbst kundgebe
3. Beziehung	–	Was ich von Dir halte und wie wir zueinanderstehen
4. Appell	–	Wozu ich Dich veranlassen will

Zu 1. Sachinhalt:
Eine Nachricht enthält eine Sachinformation. Sie beschreibt einen Zustand, es geht um die „Sache" an und für sich.

Zu 2. Selbstkundgabe oder Selbstoffenbarung:
Ganz wichtig! Hier geht es nicht nur um die Information zur Sache, sondern auch um Informationen über die Person des Senders, Informationen über seine Art, Gedanken zu entwickeln, über Fähigkeiten und innere Befindlichkeiten. In dieser Seite der Nachricht finden sich viele Probleme der zwischenmenschlichen Kommunikation. Wichtig ist es, die Selbstkundgabe so deutlich zu formulieren, dass der Empfänger weiß, was dem Sender wichtig ist (Ich-Botschaften).

Beispiel:
Sagen Sie: „Mir ist wichtig, dass ..."

Zu 3. Beziehung:
In diesem Teil geht es darum, herauszufinden, wie ich meine Mitmenschen durch meine Art der Kommunikation behandle. Je nachdem, wie ich einen Empfänger anspreche, bringe ich zum Ausdruck, was ich von ihm halte. Entsprechend fühlt sich der Andere akzeptiert oder herabgesetzt, bevormundet oder nicht ernst genommen.
Aus meiner Nachricht geht hervor, wie ich als Sender zum Empfänger stehe und wie ich ihn sehe. Die Formulierung sowie der Tonfall spielen dabei eine erhebliche Rolle. Für diese Seite hat der Empfänger ein besonders empfind-

liches Ohr. Hier fühlt er sich richtig oder falsch behandelt. Probleme in der Kommunikation entstehen häufig hier. Wichtig ist es, deutlich zu sagen, in welcher Beziehung man zum Anderen steht, d. h. positive Beziehungsbotschaften zu senden.

Beispiele:

„Du bist mir wichtig", „Wir sollten uns jederzeit abstimmen", „Ich lege Wert auf Deine Meinung", „Schön, Dich zu sehen", „Ich wertschätze Deine Leistung" usw.

Zu 4. Appell:

Ganz wichtig! Wenn einer etwas sagt, will er etwas bewirken. Ziel dieses Teils einer Nachricht ist es, auf den Empfänger Einfluss zu nehmen, ihn zu veranlassen, bestimmte Dinge zu tun oder zu unterlassen, zu denken oder zu fühlen. Dieser Versuch, Einfluss zu nehmen, kann mehr oder minder offen oder versteckt sein. Letzteres führt zu Manipulation. Um Kommunikationsprobleme zu vermeiden, ist es wichtig, den Appell klar zu formulieren, damit der Empfänger weiß, was der Sender von ihm will!

Beispiele:

Sagen Sie: „Ich wünsche mir von Ihnen, dass....."; „Ich bitte Sie, in der kommenden Woche den Bericht für mich zu erstellen und mir diesen vorzulegen. Ich bitte Sie ferner darum, mir Vorschläge zu machen, wie wir ..."

Das Kommunikationsquadrat

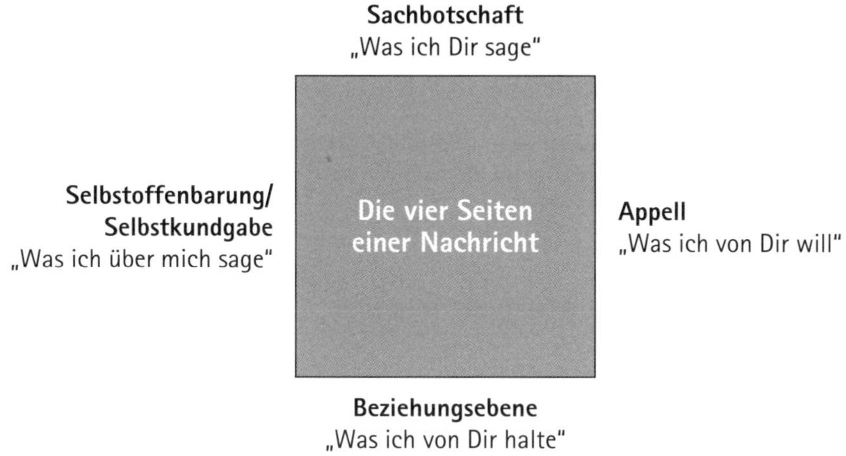

Ein einfaches Beispiel aus dem Alltag:

Ein Ehepaar sitzt am Frühstückstisch.
Er fragt: „Du, Schatz, wo hast Du eigentlich die Marmelade gekauft?"
Was, meinen Sie, wird passieren?
Mögliche Negativreaktionen könnten sein:
Beziehungsebene: „Ständig hast Du was zu meckern!"
Selbstoffenbarung: „Ich fühle mich schlecht und nicht wertgeschätzt."
Appell: „Kauf Deine Marmelade doch demnächst selbst!"
Sachebene: Diese fehlt, weil sie nicht hinterfragt, wie er die Frage meint.

Kommunikationsprobleme entstehen häufig, weil die Aussage nicht sachlich hinterfragt wird! Deshalb fragen Sie:

1. Beziehungsebene: „Wie meinst Du das?"
2. Selbstoffenbarung: „Was ist Dir wichtig?"
3. Appell: „Was wünscht Du Dir von mir?"
4. Sachebene: „Wie schaut die Sachlage aus?"

Nachfolgend finden Sie Übungen zum Kommunikationsmodell. Entscheidend bei diesem Modell ist es, darauf zu achten, dass die Sachlage und Beziehungsebene in Ihrer Kommunikation klar umrissen ist, insbesondere wenn Sie Mitarbeiter motivieren oder kritisieren müssen. Sagen Sie, was Ihnen wichtig ist und was Sie konkret vom Anderen wollen. Dann ist die Beziehungsebene positiv und Sie haben eine gute Wellenlänge zu Ihrem Mitarbeiter, so dass Motivation stattfinden kann. Vermeiden Sie aggressive Schuldzuweisungen und Du-Botschaften, sondern argumentieren Sie ruhig und souverän. Denken Sie auch hier daran, Sie sind ein Vorbild. Finden Sie immer gute Gewinner-Gewinner-Lösungen und vermeiden Sie Gesichtsverluste.

Übungen zum Kommunikationsmodell

1. Welche indirekten Botschaften werden gesendet?

- Welche Aussagen passen zu dem jeweiligen Kernsatz?
  (Die Kernsätze sind fett gedruckt, darunter stehen Unteraussagen)
- Welche Seite des Kommunikationsquadrats ist mit jedem Untersatz angesprochen?

Schreiben Sie die Abkürzungen der jeweiligen Seite der Kommunikation, die Sie beim Lesen „heraushören“, hinter die einzelnen Sätze:

- Sachebene = SA
- Selbstkundgabe/Selbstoffenbarung = SK oder SO
- Beziehungsebene = B
- Appell = A

Beispielübung 1: Motivation von einem Mitarbeiter

a) Die Sache ist klar: Die Unternehmensleitung hat entschieden, dass wir die Kennzahlen X oder Y unbedingt erreichen müssen.	*SA*
b) Ich selbst bin davon genauso betroffen wie Sie.	*SK/SO*
c) Ich brauche Sie und Ihre Fähigkeiten, damit wir es gemeinsam schaffen. Bitte unterstützen Sie mich!	*A*
d) Ich schätze Sie und Ihr bisheriges Engagement. Es ist sehr angenehm, mit Ihnen zusammen zu arbeiten.	*B*

Beispielübung 2: Kritik an einen Mitarbeiter

a) Die Fakten sprechen für sich: Sie haben das Ziel nicht erreicht!	*SA*
b) Ich bin darüber sehr verärgert.	*SO*
c) Wenn Sie nicht endlich aufwachen, gibt es ein böses Ende. Bitte starten Sie durch und geben sich endlich einen Ruck!	*A*
d) Ich würde es sehr bedauern, wenn wir beide nicht mehr zusammenarbeiten. Ich habe immer sehr gern mit Ihnen kooperiert.	*B*

Übung 1 bis 10: Welche Seite des Quadrats wird in den nachstehend beschriebenen Sätzen angesprochen?

Übung 1:

„Gott sei Dank, jetzt habe ich diesen Bericht endlich fertig!"

a) Dieser Bericht war mir angenehm.	
b) Er war mir lästig.	
c) Ich möchte Anerkennung für diese Arbeit	
d) Das war nicht OK, mir diesen Bericht aufzuhalsen.	
e) Ich bin unsicher, ob ich das gut gemacht habe.	

Übung 2:

„Hätten Sie freundlicherweise die Güte, nicht immer meinen Laptop auszuleihen, wenn ich gerade mal nicht an meinem Arbeitsplatz bin!"

a) Du bist mir unangenehm.

b) Du hast Dich nicht OK verhalten.

c) Ich will keine gute Beziehung zu Dir haben.

d) Leute wie Dich sollte man am besten bestrafen, damit Du es Dir merkst!

e) Ich habe Angst, Dich zu verletzen, wenn ich das anspreche.

Übung 3:

„Wo hast Du denn schon wieder meine Autoschlüssel hingeschmissen?"

a) Ich stelle hier eine ganz sachliche, nüchterne Frage.

b) Du bist schuld, dass ich dauernd meine Sachen nicht finde.

c) Du willst mich provozieren.

d) Ich möchte eine gute Beziehung zu Dir haben.

e) Ich bestimme hier, wo die Dinge aufbewahrt werden.

Übung 4:

„Ich habe lediglich versucht, in diesem Bericht noch etwas mehr Klarheit und Überblick zu schaffen."

a) Ich weiß es besser als Du.

b) Du hast den Bericht nicht OK gemacht.

c) Wahrscheinlich wirst Du mich angreifen.

d) Ich habe Angst, dass Du Dich verletzt fühlst.

e) Normalerweise arbeitest Du gut.

Übung 5:

„Ihr Vorschlag ist völlig indiskutabel!"

a) Ich weiß nicht genau, was zu tun ist.

b) Ich bin kompromissbereit.

c) Ich bestimme hier, was geschieht!

d) Du willst mich provozieren oder erpressen.

e) Du bist nicht fair, wenn Du solche Forderungen stellst.

Übung 6:

„Wenn Sie meine Anweisungen befolgt hätten, wäre Ihnen das nicht passiert!"

a) Ich mache Dich sachlich darauf aufmerksam, dass Du es das nächste Mal anders machen solltest.

b) Ich will ja nur Dein Bestes.

c) Du bist ganz schön dumm.

d) Ich warne Dich, mach das nicht noch einmal!

e) Es war nicht Deine Schuld.

Übung 7:

„Ich möchte dieses Thema nochmals aufgreifen. Nicht deswegen, weil ich meine Person für so wichtig, sondern weil ich die Sache für wichtig erachte!"

a) Ich bin ziemlich wichtig.

b) Ich weiß es besser.

c) Du hast keine Ahnung.

d) Du hast es gut gemacht.

e) Hoffentlich bist Du mir nicht böse.

Übung 8:

„Sie haben jetzt so lange über den Punkt X gesprochen und dabei vergessen, dass der Punkt Y viel wichtiger ist!"

a) Mir liegt viel an einer guten Beziehung zu Dir.

b) Leuten wie Dir sollte man eigentlich Redeverbot wegen Zeitverschwendung erteilen.

c) Du Angeber! Hältst Dich wohl für den Größten.

d) Mir geht es nur um die Sache.

e) Ich weiß es besser als Du.

Übung 9:

„Ich habe da ein Problem, und zwar möchte ich Sie fragen, ob es Ihnen nichts ausmacht, mir vielleicht bis heute Abend, wenn es geht, Ihr Fahrrad zu leihen!"

a) Du bist geizig.

b) Hoffentlich belastet das unsere gute Beziehung nicht, wenn ich das von Dir verlange.

c) Wenn Du mir Dein Fahrrad nicht leihst, bin ich sauer auf Dich!

d) Wahrscheinlich willst Du mir das Fahrrad sowieso nicht geben.

e) Ich bin gewohnt, alles zu bekommen, was ich verlange.

Übung 10:

„Das ist zwar nicht viel Zeit, die Sie mir gegeben haben, aber ich will versuchen, Sie trotzdem gut zu beraten!"

a) Ich habe Bedenken, meine Sache unter diesen Umständen gut zu machen.

b) Bei Leuten wie Dir habe ich gar keine Lust mehr, mich zu engagieren.

c) Wahrscheinlich bis Du ja gar nicht interessiert!

d) Wenn Du nachher unzufrieden bist, dann ist das aber Deine Schuld.

2. Kommunikative Konflikte und deren Lösung

Überlegen Sie sich, in welchen Bereichen Sie als Führungskraft kommunikative Konflikte oder sonstige wichtigen Themen mit Ihren Mitarbeitern haben.

Übung: Konflikt und Lösung

1. Beschreiben Sie eine Situation, die Sie zurzeit besonders beschäftigt.

2. Welche Mitarbeiter sind daran beteiligt?

3. Worum geht es genau?

4. Benennen Sie den Konflikt und Ihr Ziel.

5. Was wollen Sie dem Mitarbeiter auf der Sachebene sagen?

6. Was ist Ihnen dabei wichtig (Selbstkundgabe)?

7. Was wollten Sie von Ihrem Mitarbeiter (Appell)?

8. Wie ist die Beziehungsebene?

Diese Übung können Sie gut mit dem Gesprächsleitfaden aus dem 5-Phasen-Modell verbinden. Denken Sie generell bei der Benennung von Themen oder Konflikten, die Sie mit Ihren Mitarbeitern haben, an die Selbstoffenbarung: „Mir ist wichtig, dass ...“, sowie an den klaren Appell als Wunsch formuliert „Ich wünsche mir, dass ...“.
Setzen Sie sich mit einem Führungskollegen zusammen und diskutieren Sie darüber. Ich empfehle Ihnen, Übungsgruppen zu bilden und sich in der Gesprächsführung von Mitarbeitern gegenseitig zu coachen. So können Sie voneinander lernen und sich gegenseitig stärken. Überlegen Sie sich klassische Fälle, die es zu lösen gilt. Lassen Sie sich Feedback geben, nur so werden Sie immer bessere Gesprächsergebnisse erhalten.

Ich möchte Sie als Führungskraft anregen, die unterschwelligen Botschaften oder Seiten des Kommunikationsquadrats zu hören, um zukünftig zu erkennen, welche tatsächliche Botschaft dahintersteckt!
Schärfen Sie Ihr „Beziehungsohr“ und Ihre Wahrnehmung, das hilft zukünftig kommunikative Konflikte zu vermeiden.

Kapitel V: Bildung von Teams mit Team-Workshops

Eine wesentliche Aufgabe einer Führungskraft besteht darin, die anvertrauten Mitarbeiter und Teams motivationswirksam und integrativ zu führen. Ebenfalls ist wichtig, weitere Teammitglieder so auszuwählen, dass sie fachlich und menschlich zum bereits existierenden Team passen, wobei die in Kapitel III erworbenen Kenntnisse über die verschiedenen Typen eine gute Hilfe darstellen.
Wenn Sie ein Team übernehmen, ist es notwendig, dass Sie jedes Teammitglied genau erfassen und kennenlernen und sich einen Eindruck darüber verschaffen, welche Stärken und Entwicklungsfelder der jeweilige Mitarbeiter hat. Grundsätzlich bin ich als Coach der Ansicht, dass jeder Mitarbeiter seine Chance verdient hat. An dieser Stelle bitte ich Sie, auch ältere Mitarbeiter wertzuschätzen, da sie häufig ein ganz exzellentes Know-how aufweisen. Ihre Aufgabe sollte es auf jeden Fall sein, die positiven Ressourcen und Fähigkeiten dieses Mitarbeiters zum Vorschein zu bringen und selbst kooperativ und motivierend zu sein. In meinen Teamentwicklungsprozessen haben wir sehr gute Erfahrungen damit gesammelt, dass wir Teams altersmäßig gemischt haben. Junge Mitarbeiter partizipieren von der Erfahrung der älteren und ältere verjüngen sich. Es entsteht sozusagen ein guter „Mittelwert", der dem Unternehmen helfen kann zu wachsen.

In den vorangegangenen Kapiteln haben Sie verschiedene Führungswerkzeuge kennengelernt, die Ihnen helfen können, wichtige Zielprozesse einzuleiten. Es gilt bei allem, die Ziele des Unternehmens zu erreichen. Die hierzu notwendige Planung muss sinnbringend und überzeugend sein, so dass sich die Mitarbeiter hierfür entscheiden und sich für diese Ziele einsetzen. Die Umsetzung oder auch Realisation kann nur dann erfolgen, wenn Mitarbeiter sich mit dem von Ihnen und dem Unternehmen vorgegebenen Weg identifizieren. Da Sie als Sprachrohr des Unternehmens ganz wesentlich sind, ist es notwendig, dass Sie die Team- und Mitarbeiter-Ressourcen richtig erfassen und motivierend entwickeln.

Zur Führung bzw. Bildung von Teams bieten sich in erster Linie Team-Workshops an. Ich selbst habe als Coach zahlreiche Teamseminare moderiert. Die Ausgangslage war häufig die, dass meine Auftraggeber mich baten, teilweise völlig zerstrittene Teams zusammenzuführen oder „führungslose“ Teams wieder zu integrieren.

Nachstehend möchte ich Ihnen daher vom „Fall Sturm“ berichten, der als Verkaufsleiter ein Team übernommen, die Leistungen gesteigert und den Teamgeist gefestigt hat.

Erfolgsfall: „Jakob Sturm setzt sich durch" – Konsequent und zielorientiert zum Erfolg

Bestandsaufnahme/ Eckdaten:

Heimatgebiete: Distanz, Nähe, Dauer
VAK-Ausprägung: visuell, kinästhetisch
Motivation auf der Basis von gesetzten Erfolgsmessfeldern

Herr Sturm, 39, Betriebswirt mit dem Schwerpunkt Versicherungen, ist seit einem Monat Vertriebsmanager eines Ausschließlichkeitsversicherers. Seine Führungsverantwortung liegt bei zehn Mitarbeitern. Er betreut zwei große Generalagenturen mit jeweils zwei Innendienstkräften und vier HGB 84er. Das Unternehmen ist sehr renommiert, die übernommenen Mitarbeiter inklusive der Generalagenten sind allerdings wenig erfolgreich. Das ist auch der Grund, weshalb das Unternehmen Herrn Sturm eingestellt hat. Sein erstes Jahreseinkommen liegt bei 80.000 EUR garantiert. Im zweiten Jahr soll er die Hälfte an Fixeinkommen plus einer Bonifikation bei Geschäftsplanerfüllung bekommen. Danach wird er hinsichtlich seines tatsächlichen Erfolgs vergütet werden.

Die Botschaft an Herrn Sturm lautet: „Es wird nicht einfach! Ihre Aufgabe ist es, die beiden Generalagenten und ihre Außendienstpartner erfolgreich zu machen. Da macht im Moment jeder, was er will. Die Produktivität der Gruppen ist unbefriedigend. Wir sagen es Ihnen ehrlich: Vor Ihnen sind schon zwei Verkaufsleiter gescheitert! Falls Sie keinen Erfolg haben, finden Sie wenigstens Ersatz für die Truppe! Momentan haben wir auch keinen festen Büroplatz für Sie, diesbezüglich müssten Sie sich überlegen, wie Sie es optimal für sich gestalten können.“
Herr Sturm denkt positiv und sagt sich: „Das klingt irgendwie spannend, das reizt mich! Wollen wir doch mal sehen!“

Im ersten Schritt besucht er die beiden Generalagenturen und lernt diese und ihre jeweiligen Mitarbeiter kennen. Die Reaktion auf sein Kommen ist wenig motiviert. Man fühlt sich in seiner „erfolglosen Komfortzone“ kontrolliert und gestört. Man sei ja schließlich selbständig und Unternehmer. Herr Sturm lässt sich davon aber nicht beirren. Die Außendienstpartner arbeiten überwiegend vom Home-Office aus, daher vereinbart Herr Sturm Besuchstermine vor Ort. Er erhält von vier Personen Absagen, man wolle ihn nicht privat empfangen; stattdessen werden erst einmal öffentliche Treffpunkte vorgeschlagen.
Herr Sturm verschafft sich zunächst einen persönlichen Eindruck von jeder einzelnen Person und macht sich intensive Notizen über jedes Gespräch. Ihm fällt auf, dass die meisten Mitarbeiter keine klaren Produktionsziele sowie ein schlechtes Zeitmanagement haben. Die Generalagenturen kontrollieren überhaupt nicht, sondern sind eher mit sich und ihrer Lageorientierung beschäftigt. Daher läuft das Ganze immer mehr aus dem Ruder.
Durchschnittlich haben die Außendienstpartner zwischen drei bis fünf Kundentermine pro Woche, was bei weitem nicht ausreicht. Die durchschnittliche Produktivität liegt mittlerweile im roten Bereich.
Während des ersten Kennenlernens der Agenturen kündigt Herr Sturm als zweiten Termin seinen Privatbesuch in deren Home-Office an und teilt jeder Agentur mit, dass er genau sehen möchte, wie gearbeitet wird. Man ist alles andere als erfreut und fühlt sich unter Druck gesetzt. Herr Sturm lässt sich davon in keiner Weise beirren. Sein Führungscredo in dieser Phase ist: „Man muss sich erst einmal unbeliebt machen, um ernst genommen zu werden.“

Der Widerstand der Agenturen lässt ihn zur Höchstform auflaufen. Er hat die Fähigkeit, ein gutes Maß zwischen Kühle im Kopf und der gesuchten Nähe einzuhalten. Ablehnung von außen macht ihm daher nichts aus. Er hat sein Erfolgsziel vor Augen und glaubt daran. Der Weg und kleine Teilziele sind für ihn wichtig. Seine Botschaft an die Agenturen ist: Erfolg könne nur stattfinden, wenn die Mindestvoraussetzung für einen ordentlich funktionierenden Arbeitsraum vorhanden ist. Hiervon wolle er sich persönlich überzeugen und den Rahmen sehen, auch um gezielt helfen zu können. Zähneknirschend wird dies akzeptiert.
Herr Sturm versteht nach seinen Besuchen, warum man ihn ausgeladen hat. Von Professionalität ist in den Büros keine Spur vorhanden. Privat- und

Geschäftsbereich werden in höchstem Maße unprofessionell vermischt. Kunden können dort nicht empfangen werden. Ziel ist es, dies einheitlich zu ändern. Herr Sturm spricht mit jedem Einzelnen, ob Innen- oder Außendienst, und bittet anschließend den Filialdirektor um einen Termin. Hier berichtet er seine Eindrücke und schlägt vor, sogenannte Erfolgsmessfelder einzuführen, die für die beiden Generalagenten sowie deren Innendienst und Außendienstpartner „als gesetzt" gelten sollen. Er bittet den Filialdirektor ebenfalls, an dem Erfolgskonzept „WIN-Vision" mitzuwirken und die Maßnahme tatkräftig zu unterstützen. Dieser ist begeistert!

Herr Sturm und der FD (Filialdirektor) einigen sich auf folgende Erfolgsmessfelder:
Jeder Generalagent und seine Außendienstpartner haben ab sofort als Wochenziel

- fünfzehn qualifizierte Termine zu vereinbaren,
- fünf Empfehlungen für Neukundentermine zu gewinnen,
- Büroeinrichtung und Ausstattung in einen guten Standard zu versetzen und
- als Monatsziel mindestens 2.500 EUR Abschlussprovision anzustreben.

Die Generalagenturen müssen sich darauf verpflichten, die Maßnahme zu befürworten. Im Gegenzug hierzu werden die Termine für jeden Berater auf Kosten der Filialdirektion mit Hilfe eines Telefonverkäufers vereinbart. Jeder muss einen offenen Terminkalender führen, in den die Termine online eingetragen werden können. Das Innendienstpersonal wird ebenfalls sehr aufwändig in der erfolgreichen Bestandsbetreuung und dem Verkauf von weiteren Verträgen am Telefon gecoacht.
Auch diese Maßnahme trägt der Filialdirektor. Ebenfalls wird ein Telefontraining für die Berater angeboten. Herr Sturm vereinbart ferner, dass er in der Filialdirektion ein adäquates Arbeitszimmer bekommt, in dem er in Ruhe arbeiten, aber auch Gespräche mit den Agenturen führen kann. Für die Schulungen der Außendienstpartner inklusive der Generalagenturen verlangt Herr Sturm einen Besprechungsraum, in dem zwölf bis fünfzehn Personen gut tagen können. Ebenfalls verlangt er einen Flipchart, eine Leinwand, einen Beamer und die Möglichkeit, seinen Laptop in die Tagungs-

technik zu integrieren. Mit dem Filialdirektor vereinbart er einen Zeitrahmen der Maßnahme, die mit einer Incentive-Maßnahme verbunden wird. Jeder Verkäufer, der nach Ablauf eines Jahres die Ziele erreicht, kann zwischen drei Belohnungssystemen wählen:

1. Sprachkurs (Englisch/Französisch/Italienisch/Spanisch) mit einer Woche Auslandsaufenthalt
2. Ausbildung zum Business Coach (Führungstraining)
3. Geldbetrag

Herr Sturm setzt gemeinsam mit dem Filialdirektor eine Motivationsveranstaltung mit dem Ziel an, alle Beteiligten für den Wettbewerb zu begeistern. Dieses Meeting wird basierend auf den bereits erwähnten fünf Phasen aufgebaut.

1. Atmosphäre schaffen
2. Ziele benennen
3. Verantwortlichkeiten übertragen – Wer macht was?
4. Widerstände klären
5. Fazit

Als Erstes ist es wichtig, eine gute Atmosphäre zu schaffen, damit die Teilnehmer ankommen. Hierfür wird der Meeting-Raum schön vorbereitet. Getränke, Gebäck, frisches Obst werden bereitgestellt. Auf den Sitzplätzen liegen die Inhalte des Meetings, sowie Blöcke, Stifte und vorgedruckte Namensschilder. Jeder soll sich willkommen fühlen.

Nachdem alle Teilnehmer angekommen sind, gibt es einen Willkommenskaffee und nette einleitende Worte. Anschließend beginnt das Meeting. Der Filialdirektor und Herrn Sturm werfen sich gegenseitig die Bälle zu und stellen das Projekt „WIN-Vision" und die damit verbundenen Erfolgsmessfelder motivationswirksam vor. Sie berücksichtigen bei allen Charts und Inhalten, dass motivationswirksame Bilder in einer guten Kombination von Zahlen und Beschreibungen das Projekt verdeutlichen. Auch der nötige Ernst der Lage wird deutlich. Speziell die tatsächlich erreichte Produktivität der Teams wird benannt und es werden alle eindringlich motiviert, dies unbedingt durch mehr Einsatz zu verbessern.

Jeder Teilnehmer bekommt die Chance, die Veranstaltung zu kommentieren. Dass der FD und Herr Sturm eine sehr respektvolle, dabei aber führende und konsequente Art an den Tag legen, kommt beim Teilnehmerkreis sehr gut an. Widerstände, Ängste und Fragen werden ausführlich diskutiert. Herr Sturm und der FD bieten konkrete Hilfestellung an und verbinden die Veranstaltung mit einem guten WIR-Gefühl. Erfolg im Team, das ist hier das Motto. Anschließend werden Zeitpläne für Gespräche, Trainings usw. abgestimmt. Am Abend gibt es ein gemeinsames Abendessen. Die Veranstaltung ist ein voller Erfolg, jeder fühlt sich „abgeholt"!

In den nächsten Wochen und Monaten sind die beiden Teams sehr beschäftigt. Der FD und Herr Sturm führen in der EDV ein sogenanntes Ampelsystem ein, um die Termine, Empfehlungen und Produktivitätszahlen zu erfassen. Jeder wird interviewt und bekommt Feedback. Herr Sturm und sein FD überlassen nichts dem Zufall.
Während dieser Maßnahme nimmt Herr Sturm sich auch Zeit für den Aufbau einer möglichen Reservebank. Er führt an einem Tag in der Woche gezielte Gespräche mit potentiellen Bewerbern. Dies kommuniziert er auch an sein Team. Ziel ist es hier, „zu motivieren". Herr Sturm will, dass jeder bleibt, aber „Konkurrenz belebt das Geschäft!" Durch seine engagierte, positive und konsequente Art gelingt es Herrn Sturm, die Ziele, die er und sein FD sich gesetzt haben, zu erreichen.
Für ihn ist „der Weg das Ziel", und diesen beschreitet er weiterhin, sicherlich als ein potenzieller FD-Kandidat. Wer weiß, sein FD ist 63?

Fazit aus diesem Beispiel:
Die Geschichte von Herrn Sturm kann man auch als Metapher verstehen. Die Situation von ihm findet man als Führungskraft häufig vor. Man übernimmt einen Bereich und muss sich erst einmal durchbeißen.
Lassen Sie sich also nicht beirren. Glauben Sie an sich und den Erfolg. Ein Lieblingssatz von mir ist: „Harte Arbeit befriedigt mich auch dann, wenn sie nicht besonders belohnt wird!" – Der Weg ist das Ziel!
Wenn Sie positiv denken, wird es vielleicht anstrengend, aber gut werden. Handeln Sie zielorientiert, stellen Sie sich möglichen Hürden und Widerständen. Sie haben bereits viele wertvolle Schlüssel zum Erfolg in diesem Buch kennengelernt. Wenden Sie diese nutzbringend im Umgang mit diversen Gesprächspartnern an. Verbiegen Sie sich nicht. Seien Sie durchaus streng, aber fair.

Wie ist es in der Politik? Die Politiker, die einen kühlen Kopf bewahren und ihre Sekunde oder Stunde nutzen, in der es darauf ankommt, die gewinnen. So ist es in der Führung von Menschen. Gehen Sie selbstbewusst und konsequent auf Ihr Ziel zu. Verlangen Sie Leistung und seien Sie für Ihre Mitarbeiter da, nach dem Motto „Hart, aber herzlich!“. Ihre Mitarbeiter wollen Führung, Ihre Souveränität und Engagement werden Ihr Team anstecken. Der Erfolg wird Ihnen Recht geben.

Arbeitsmodelle für den Team-Workshop

Für die Gestaltung des Team-Workshops finden Sie eine von mir entwickelte pragmatische Vorgehensweise, an der Sie sich orientieren können und mit der Sie in der Teambildung Erfolg haben werden.

Nach dem ersten Kennenlernen empfehle ich Ihnen, ein Teamseminar anzusetzen, dem Sie bezogen auf Ihre Ziele einen entsprechenden Namen geben, z. B. Teamvision 2012 oder Teamseminar XYZ. Wenn es die Budgets erlauben, ist es vorteilhaft, die Veranstaltung außerhalb der Firma zu machen, möglichst in einem adäquaten Hotel mit ausreichend Gruppenarbeitsräumen. Die Dauer sollte idealerweise zwei Tage betragen. So können wichtige Konflikte und andere Themen mit genügend Zeit zufriedenstellend gelöst werden.
Um die Mitarbeiter für diese Maßnahme zu motivieren, sollten Sie in einem gemeinsamen Meeting Ihr Vorhaben gut vorbereitet präsentieren. Hierbei sollten Sie von der Selbstoffenbarung her z. B. Folgendes sagen: „Mir ist wichtig, dass Sie und ich als Team erfolgreich zusammenarbeiten. Jeder von Ihnen ist mit seiner Persönlichkeit und Kompetenz für unser Unternehmen und für mich als Ihr Chef sehr wichtig!“ Als Appell können Sie folgende Formulierung als Motivationskomponente zusätzlich nutzen: „Ich bitte Sie, diese Teammaßnahme mitzutragen und aktiv zu unterstützen.“
Die Einbindung jedes Teammitglieds ist wichtig, damit jeder Teilnehmer fühlt, dass er oder sie wichtig ist. Denken Sie daran: Motivation ist ein Gefühl, das als wertschätzend und positive Stimulanz, sich einzubringen, empfunden wird.
Zu Beginn der Veranstaltung stellen Sie nach dieser vorab beschriebenen Einstimmung die Ziele und geplanten Abläufe des Workshops vor und bitten anschließend jeden Teilnehmer, ein kurzes Statement abzugeben, wie es ihm

derzeit geht und mit welchen Erwartungen er oder sie heute angekommen ist.
Erklären Sie Ihren Mitarbeitern, was Sie persönlich unter Teamentwicklung verstehen, z. B. „Unsere Ziele werden wir nur dann erreichen, wenn wir als Team zusammenstehen, uns gegenseitig unterstützen und uns vertrauen. Allein schafft man es nie, im Team ist man wesentlich stärker. Ich möchte unsere Erfolge mit jedem von Ihnen erleben, feiern und mich mit Ihnen freuen!“ Schildern Sie Teamentwicklung als laufenden Prozess, den die Arbeitsgruppen und Teams in Ihrer Abteilung phasenweise durchlaufen werden. Jeder kann diesen Team-Workshop nutzen, seine Gedanken und Ideen einzubringen, aber auch vorzutragen, wo Unterstützung gewünscht wird. Diese Ideen werden gesammelt und im Anschluss an den Workshop kontinuierlich weiter bearbeitet, z. B. durch Gespräche, Coaching und Supervision.
Ziel dieses Team-Workshops soll es daher sein, die Kooperationsbereitschaft untereinander und den Teamgeist zu fördern sowie die Arbeitseffizienz zu steigern.

1. Das Tuckmann-Modell

Als erstes Werkzeug möchte ich Ihnen den Teamentwicklungsprozess nach Tuckmann vorstellen. Prof. Dr. Bruce W. Tuckmann war an der Ohio University tätig und beschrieb 1965 die Teamentwicklung in einem Phasenmodell. Dieses Modell teilt die möglichen Teamprozesse in vier Phasen ein und ist sehr pragmatisch anzuwenden. Es hat mir als Coach geholfen, zahlreiche Teamkonflikte schnell und effizient zu lösen. Beziehungen einzelner Teammitglieder können mit Hilfe dieses Modells sehr gut dargestellt werden, was hilft, unter Anleitung eines Coaches oder der jeweiligen Führungskraft das Team zur Zusammenarbeit zu motivieren.

Nachstehend werden die vier Teamphasen erläutert:

1. Formierungsphase („Forming“):
Diese ist geprägt von Höflichkeit, vorsichtigem Abtasten, Streben nach Sicherheit, Orientierung und dem Kennenlernen des oder der Anderen. In dieser Phase ist es wichtig, dass die Führungskraft das Team führt und klare Ansagen erteilt.

2. Konfliktphase („Storming"):
Diese ist durch unterschwellige Konflikte, Selbstdarstellung der (neuen) Teammitglieder, dem Kampf um (informelle) Führung, „Ich"-Orientierung und Cliquenbildung geprägt. Die Führungskraft muss Ziele aufzeigen.

3. Die Regelphase („Norming"):
Sie ist geprägt durch das Entwickeln von neuen Gruppenstandards und neuen Umgangsformen, Feedback und Austausch zwischen den Teammitgliedern sowie einer „Wir"-Orientierung. Die Führungskraft koordiniert die einzelnen Aufgaben und Personen.

4. Die Arbeitsphase („Performing"):
Sie ist geprägt durch Arbeitsorientierung, Flexibilität, Offenheit der Teammitglieder, Solidarität, Leistungsausrichtung und zielgerichtetes Handeln des Teams. Die Führungskraft benötigt wenig Energie, da das Team sich größtenteils selbst steuert, und gibt lediglich Globalziele und Visionen vor.

Das Modell ist einfach, klar und übersichtlich. Ziel ist es, die Arbeits- oder Performing-Phase zu erreichen, in der man optimal und vertrauensvoll zusammenarbeitet. Ideal ist es dann, sich zu unterstützen, die gemeinsamen Ressourcen zu nutzen, sich gegenseitig zu stärken und vor allem sich zu vertrauen.

Aus diesem Grunde empfehle ich Ihnen, nach den einleitenden Begrüßungsworten das von mir entwickelte Arbeitsblatt mit dem Bild der Team-Uhr an die Teilnehmer des Workshops auszuteilen. Für die nachstehende Übung bilden Sie Zweierteams und geben jedem Teilnehmer eine gute Stunde Zeit, die Team-Uhr zu bewerten und den nachstehenden Fragebogen ausführlich zu beantworten.

2. Die Teamentwicklungsuhr

Diese Übung eignet sich ideal, um die Stimmung in einem Team einzufangen. Wichtig ist hierbei, dass die Gruppe von der betreuenden Führungskraft sorgfältig auf diese Übung eingestimmt wird. Entscheidend für gute konstruktive Ergebnisse sind Vertrauen und Respekt für die Öffnung der Teilnehmer und klare Feedbackregeln.

Die Teamentwicklungs-Uhr

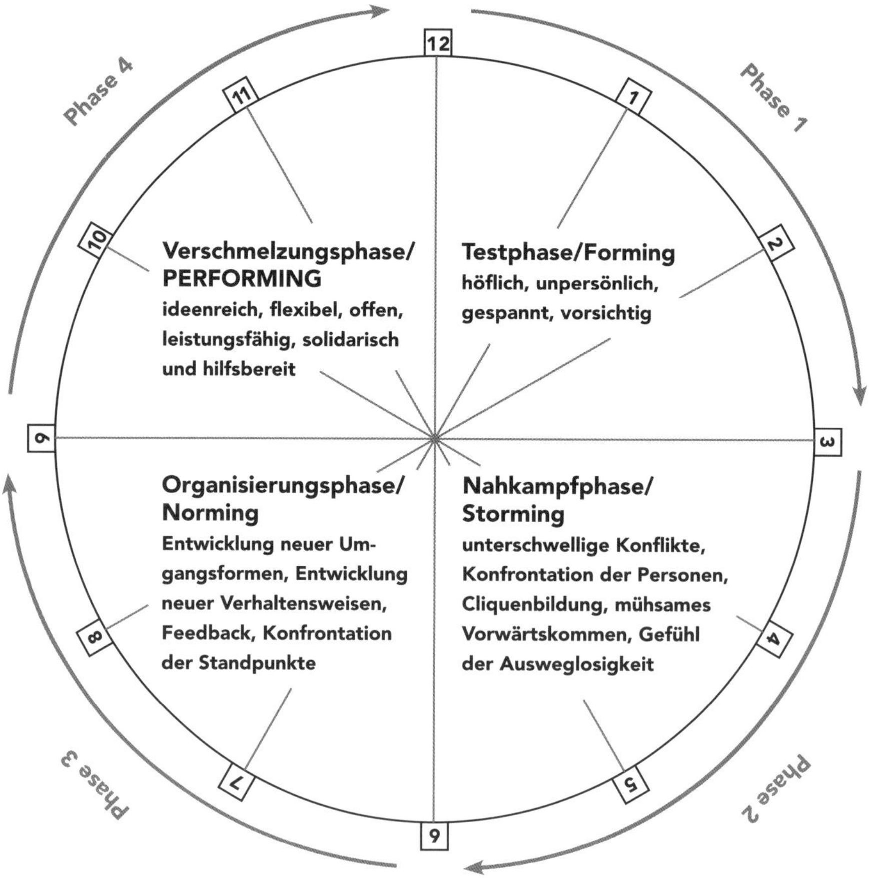

Übungsanweisung zur Team-Uhr

1. Wie spät ist es auf unserer Team-Uhr?

2. Durch welche Verhaltensweisen wird diese Uhrzeit deutlich?

3. Wie geht es Ihnen auf einer Stimmungsskala?

0 (schlecht) 50 % (mittel) 100 %(gut)

4. Beschreiben Sie wichtige Personen in Ihrem Team?

5. Mit wem kooperieren Sie gut, mit wem weniger gut, woran liegt es?

6. Gibt es einen informellen Führer im Team?

7. Welchen Einfluss übt er aus?

8. Welche Konflikte belasten das Abteilungsklima?

9. Was tun die Konfliktparteien, um den Konflikt zu stabilisieren?

10. Was konkret werden Sie tun, um mögliche Konflikte zu beenden?

11. Was erwarten Sie an dieser Stelle von Ihrem Vorgesetzten?

12. Was konkret werden Sie tun, um Ihr Team in die Arbeitsphase zu führen?

13. Seien Sie bitte offen, Ihre Meinung ist wichtig!

Auswertung und Besprechung

Beschriften Sie vier Metawände mit den jeweiligen vier Phasen des Tuckmann-Modells als Überschrift und bitten Sie jedes Team, Metakarten unter die jeweiligen Phasen zu platzieren und offenes, aber konstruktives Feedback zu geben. Die Gruppe wird auf das Feedback mit folgenden Hinweisen eingestimmt:

„Wir geben uns gleich Feedback, wie viel Uhr es derzeit auf unserer Team-Uhr ist. Ich danke für Ihre/Eure Offenheit und wünsche mir, dass wir uns als Team finden. Die Punkte, die verändert werden müssen, sollten wir alle ernst nehmen und gemeinsam verändern. Ich wünsche mir von Ihnen/Euch Vertrauen, Offenheit und trotz aller eventuellen Kritik Wertschätzung untereinander. Wir schaffen es nur zusammen! Lassen Sie uns anschließend verbindliche Regeln aufstellen und effizient zusammenarbeiten. Das wünsche ich mir von Herzen. Für die Auswertung und ausführliche Diskussion nehmen Sie sich als Gruppe die Zeit, die Sie brauchen.“

3. Das Konfliktlösungsmodell nach Albert-Ellis

In der obigen Team-Uhr-Besprechung werden sicherlich zahlreiche Konflikte auftreten. Bei der Besprechung solcher Konflikte nutze ich als Coach das A-B-C-D-Modell von Albert Ellis[11], einem provokativen Verhaltenstherapeuten aus den USA, der durch seine einzigartige Behandlungsmethode auf sich aufmerksam gemacht hat. Er hat z. B. depressive Patienten durch provokative Fragen aus ihrer Depression oder anderen Problemstellungen herausgeholt und sie zunächst „wütend" gemacht, um sie dann im wahrsten Sinne des Wortes „abzukühlen". Der gewünschte Effekt bewirkt, dass Gefühle wie z. B. Trauer, Enttäuschung, Machtlosigkeit, Neid, Wut, Zorn und Hass durch eine emotive Rationalität, also kühle Gelassenheit und Souveränität, ausgetauscht werden und die Patienten endlich mit den Missständen aufräumen, die sie belasten. Ziel ist es, negative Auslöser/Ereignisse durch eine neu gelernte Kühle im Kopf zu entmachten.

Das A-B-C-D-Modell nach Albert Ellis umfasst folgenden Verhaltensverlauf:

A-B-C-D-Modell nach Albert Ellis
A = auslösendes Ereignis
B = Bewertung/Gedanken (Beliefs)
C = emotionale Konsequenzen (Consequences)
D = Handlung (Doings)

Jedes A-Ereignis führt zu sogenannten Bewertungen (B's), die häufig negativ und belastend empfunden werden. Diese Bewertungen führen zu emotionalen Konsequenzen (C's), die starke Gefühle auslösen können. Diese Gefühle beeinflussen die Handlungen, die sogenannten D's.

Speziell die B's sind häufig irrational und werden deshalb als die sogenannten iB's bezeichnet. Sie führen zu sogenannten negativen Gedankenketten,

[11] Albert Ellis (* 27. September 1913 in Pittsburgh, Pennsylvania, amerikanischer Psychologe und Psychotherapeut) entwickelte die Rational-Emotive Verhaltenstherapie, die auf der sogenannten ABC-Theorie psychischer Störungen aufbaut. Albert Ellis gilt heute als der Pionier der kognitiven Therapien. Kognitive Verhaltenstherapien nach Ellis oder Beck zählen inzwischen zu den in ihrer Wirksamkeit wissenschaftlich am besten abgesicherten Therapieverfahren. Die von ihm entwickelte Therapieform, die starke philosophische Verankerungen aufweist, gilt als besonders effektiv.

die zur Verstärkung des Problems führen. Die Anwendung dieses Modells führt bei meiner Arbeit als Coach dazu, dass Teilnehmer Konfliktsituationen auflösen und wieder einen gesunden Egoismus entwickeln. Insbesondere wenn Sie in ihrem Team-Workshop auf starke Konflikte stoßen, nutzen Sie das A-B-C-D-Modell.
Nachstehend möchte ich Ihnen hierzu eine Übung aufzeigen, die Sie sowohl im Team-Workshop als auch in der täglichen Führung nutzen können.

Übung: Konflikte-Analyse

Welche Konflikte belasten Sie derzeit?

1. Was sind die typischen Auslöser, die Sie momentan in unserer Firma belasten?

2. Wie gehen Sie mit derzeit kritischen Ereignissen (A's) in Ihrem beruflichen Umfeld um? Analysieren Sie diese und werten Sie dies für sich aus.

3. Wie bewerten (B's) Sie die A's? Gibt es evtl. sogar stark negative Bewertungen/Gedanken, sogenannte „iB's" (irrationale Bewertungen)?

4. Welche Gefühle (C's = emotionale Konsequenzen), z. B. Ärger, starke Wut, Ängste vor Versagen, Ablehnung usw. entwickeln Sie dabei, und welche Konsequenzen hat dies für Ihre Tagesform, aber auch für den Umgang mit Ihren Mitarbeitern/Kollegen?

5. Wie wirken sich Ihre Bewertungen und Gefühle auf Ihre Umgebung aus?

6. Gibt es zurzeit Konflikte, die Sie souverän lösen möchten?

7. Was möchten Sie derzeit am liebsten in Ihrem Leben verändern?

8. Welche Wünsche haben Sie an mich oder die Gruppe?

Sie können diese Übung mit folgenden Worten einführen: „Setzen Sie sich allein oder zu zweit mit einem Kollegen Ihrer Wahl zusammen und bearbeiten Sie die obigen Fragen. Sammeln Sie Ihre A's und die daraus resultierenden Bewertungen und beschreiben Sie die emotionalen Konsequenzen und Handlungen. Gibt es irrationale Bewertungen (iB's)? Wenn ja, welche? Seien Sie bitte ehrlich zu sich. Tauschen Sie sich hierzu intensiv aus.
Ich danke Ihnen an dieser Stelle für Ihre Offenheit und sichere Ihnen Diskretion zu. Nur durch Ihr Feedback können wir uns weiter entwickeln. Sie haben jetzt eine Stunde für diese Übung Zeit. Anschließend treffen wir uns wieder im Plenum. Hier haben Sie Gelegenheit, über Ihre Ausarbeitung zu diskutieren und sich zusätzlichen Rat einzuholen. Viel Spaß und Erfolg!"

Souveräner Umgang mit Kritik

Wenn im Verlauf der verschiedenen Teamsitzungen Kritikpunkte benannt werden, verhalten Sie sich wie ein „vorsitzender souveräner Moderator".

Wertschätzen Sie zunächst die Offenheit, dass die Konflikte überhaupt benannt werden. Nehmen Sie die Kritik nicht persönlich, sondern hinterfragen Sie die Punkte, die für Sie noch nicht genügend geklärt sind. Nehmen Sie eine aufrechte souveräne Körperhaltung ein, schauen Sie Ihren Gesprächspartner oder die Gruppe an, hören Sie aktiv zu und atmen Sie ruhig. Verteidigen Sie sich nicht, sondern lassen Sie den oder die Anderen aussprechen. Bedanken Sie sich für die Offenheit und das gezeigte Vertrauen.
Stimmen Sie die Gruppe ebenfalls auf die gleich stattfindende Diskussion ein. Bitten Sie jeden Einzelnen, Vorwürfe und Verletzungen wegzulassen und auf einen angemessenen, höflichen Tonfall zu achten.
Sagen Sie: „Ich bitte Sie, gleich Ihre Kritik- oder Konfliktpunkte und Ihre Bewertungen dieser Situationen zu benennen. Achten Sie dabei bitte darauf, dass Sie Du- oder Schuldbotschaften weglassen. Wenn es um Themen geht, die Ihnen besonders wichtig sind, schildern Sie uns ganz offen die Sachlage. Beginnen Sie mit: ‚Mir ist wichtig, dass ...' oder ‚Ich wünsche mir konkret, dass ...'. Versuchen Sie die Konfliktpunkte angemessen zu benennen. Die Gruppe beachtet dabei die Feedbackregeln. Wir verteidigen uns nicht, sondern danken für das offene Feedback. Nur wenn wir die Konfliktpunkte kennen, können wir sie verändern."

Mögliche Fragen der Führungskraft wären:

- „Wie ist es Ihrer Meinung nach zu dem Konflikt gekommen?"
- „Wer war daran beteiligt?"
- „Was genau stört Sie daran?"
- „Wie könnte man die Situation vermeiden?"
- „Was erwarten Sie an dieser Stelle von mir?"
- „Was erwarten Sie von uns als Team?"

Wenn Sie als Führungskraft Fehler gemacht haben, bekennen Sie sich dazu und entschuldigen sich dafür. Das spricht nur für Sie. Bieten Sie an, den Fehler zu beseitigen und zukünftig zu unterlassen. Ein Vorschlag für eine Formulierung wäre: „Wenn ich die Gefühle von Ihnen verletzt habe, tut mir das sehr leid. Ich möchte mich dafür in aller Form entschuldigen!"

Der „Emotionale Airbag"

Sollten besondere Streithähne dabei sein, beschwichtigen Sie diese und bitten Sie sie, positiv aufeinander zuzugehen, sowie die Stärken wertzuschätzen und nicht nur das Negative zu sehen. Vielleicht nutzt an dieser Stelle auch der Hinweis, dass das, was uns am Anderen stört, häufig mit uns selbst zu tun hat. Im jedem Verhalten steckt eine positive Absicht, diese gilt es zu würdigen. Oft sind es auch nur kommunikative Fehler oder unterschiedliche Landkarten, die zu Konflikten führen.

In einem meiner letzten Teamentwicklungsseminare habe ich sehr gute Erfahrungen mit dem „Emotionalen Airbag" gemacht. Dies ist eine Übung, die ich durch Matthias Herzog[12] und Dr. Eckart von Hirschhausen kennengelernt habe: die rote Nase! Weltweit bekannt wurde sie durch Patch Adams, einem Mediziner, der als Clown verkleidet u. a. in Krankenhäusern Kindern Freude bereitete und auf diese Weise den Heilungsprozess unterstützte. Diese Nase ist aus meiner Handtasche nicht mehr wegzudenken. Ich habe sie immer dabei und kann es jedem nur empfehlen (im Büro, im Stau, im Ehestreit ...).

Übungsempfehlung

Die Streithähne setzen unter Anleitung eines integrativen Coaches jeweils eine rote Schaumgumminase auf die Nase. Stimmen Sie sie folgendermaßen ein: „Ich bitte die Streithähne jetzt etwas zu tun, was sicherlich nicht ganz einfach ist. Setzen Sie sich bitte die Nase auf und stellen Sie sich gegenüber. Lassen Sie das, was jetzt kommt, bitte einfach zu! Gehen Sie aus Ihrer Komfortzone heraus und lachen Sie!"

Es ist sehr beeindruckend, was dann passiert. Zunächst zieren sich die Teilnehmer, aber sobald der erste die Hürde überwunden hat, machen es alle nach. Für die bisherigen Spaßbremsen im Team ist dies ein echter Akt, aber danach sind sie stolz und froh, dass sie sich überwunden haben. Im Anschluss daran ist die Stimmung locker und gelöst. Ich würde empfehlen, hier einige Fotos zu machen und diese im Büro etc. an die Wand zu hängen, damit man diesen positiven Effekt nie vergisst. Allein schon der Gedanke an

[12] Matthias Herzog a. a. O., S. 104

die Nase und was passiert, wenn man sie aufsetzt, macht gute Laune. Und die wünsche ich Ihnen!

Wir lernen unsere Landkarten besser kennen

Nachdem Sie die Team-Uhr, die A-B-C-D-Analyse und den „Emotionalen Airbag“ durchgeführt haben, hat sich jeder geöffnet und seine Sichtweise und Wünsche geschildert. Sie haben viel diskutiert und die Konflikte (hoffentlich) geklärt. Die Stimmung ist jetzt wesentlich entspannter.
Nun geht es darum, sich gegenseitig noch besser auf der menschlichen Ebene kennenzulernen. Wir üben in dieser Seminarsequenz Toleranz füreinander. Jeder Mitarbeiter hat typische Verhaltensmuster, die sowohl gut als auch schlecht ankommen. Ziel soll es sein, die Kollegen von ihren Grundeinstellungen noch besser kennenzulernen, um besser zusammenzuarbeiten. Toleranz im Berufsalltag kombiniert mit viel Humor kann dazu führen, dass die Stimmung in den jeweiligen Abteilungen noch besser wird.

Ich empfehle hierzu die drei verschiedenen Match-Tests, die Sie im ersten Kapitel bereits kennengelernt haben. Jeder Gruppenteilnehmer macht für sich, möglichst an seinem mitgebrachten Laptop, den Match-Test. Die Keys für die Freischaltung sind vor dem Seminar organisiert worden und liegen vor. Die Zeitdauer für diesen Part ist ca. eine Stunde. Es wäre von Vorteil, wenn Sie einen zentralen Drucker organisieren, über den jeder sein Ergebnis vertraulich ausdrucken und zunächst für sich durchlesen kann. Den Grad

der Offenheit, darüber zu sprechen, soll jeder für sich entscheiden. Hier sollte auf keinen Fall Gruppendruck aufgebaut werden. Um Zeit zu sparen, kann der Test auch vor dem Seminar gemacht werden, so dass jeder sein Ergebnis bereits mitbringt. Der Aha-Effekt ist aber größer, wenn der Test im Seminar gemacht wird.
Mit diesen Testergebnissen kann dann die nachfolgende Gruppenübung eingeleitet werden, bei der es um die Frage geht, wie jeder Einzelne als auch die Kollegen „ticken".

Eine mögliche Einführungsmoderation wäre:
„Ich bitte Sie jetzt – jeder für sich –, den Match-Test ganz in Ruhe durchzuführen/das mitgebrachte Ergebnis anzuschauen. Es geht nicht um ‚Gut' oder ‚Schlecht', sondern wir wollen uns annähern, uns kennenlernen, um noch besser miteinander arbeiten zu können. Jeder kann sich im Anschluss sein Ergebnis durchlesen und darüber entscheiden, über welche Ergebnisse er/sie sprechen möchte."
Bevor die Ergebnisse besprochen werden, erläutern Sie nochmals das VAKOG-Modell und die Heimatgebiete von Riemann-Thomann. Ziel soll es sein, den Anderen im Team zu akzeptieren, die positiven Ressourcen zu nutzen und sich vor allem teamorientiert zu begegnen. Wichtige Kernbotschaften dabei sind: „Meine Landkarte ist nicht die Welt!"; „Was ich alleine nicht kann, schaffe ich hervorragend im Team."
Anschließend setzen Sie sich in der U-Form im Seminar zusammen. Jeder wird zunächst von der Gruppe eingeschätzt und stellt dann sein Ergebnis vor.

Anweisung: Respektvolles Kennenlernen I

- „Jeder von Ihnen hat jetzt den Match-Test gemacht. Wer möchte zuerst eingeschätzt werden?"
- „Wie schätzen wir als Gruppe die soziale Kompetenz des Kollegen ein?"
- „Was, glaubt die Gruppe, ist Herr X/Frau Y für ein VAKOG-Typ?"
- „Welche Heimatgebiete sind bei ihm oder ihr besonders ausgeprägt?" (Dauer/Wechsel/Nähe/Distanz)?

Die Gruppe schätzt ein und meist kommt es hier zu positiven Klärungen. Jeder Teilnehmer erläutert sein Ergebnis, dies ist ein sehr wertvoller Prozess, der hilft, mögliche Falschinterpretationen zu korrigieren.

Anweisung: Respektvolles Kennenlernen II

Fragen an den Teilnehmer:
„Was wünschen Sie sich von uns als Gruppe?"
„Was müssen wir im Umgang mit Ihnen berücksichtigen?"

Fragen an die Gruppe:
„Was wünschen Sie sich von Ihrem Kollegen (der gerade eingeschätzt wurde)? Was kann er zur Vermeidung von Missverständnissen tun?"

Team-Essentials – Wir legen die Teamleitsätze fest

Nachdem die Gruppe sich kennengelernt hat, empfehle ich ein weiteres Modul. Es geht hier darum, sogenannte Teamleitsätze oder Neudeutsch „Essentials" zu erarbeiten, die dafür sorgen sollen, dass die neuen Regeln und Stimmungsstabilisatoren dauerhaft aufrechterhalten bleiben. Die Gruppe erarbeitet in einer Gruppenübung die Leitsätze, die ab diesem Workshop als Motto für den neuen Teamgeist gelten.

Übung 1: Teamleitsätze

1. Was wird sich ab heute für mich in der Zusammenarbeit mit meinen Kollegen verändern?
2. Was werde ich persönlich dazu beitragen?
3. Mit welchen Terminen oder Treffen können wir den neuen Teamgeist dauerhaft festigen?

4. Was erwarten wir an dieser Stelle von unserem Vorgesetzten und Kollegenteam?

5. Wie können wir auf Dauer gut zusammenarbeiten?

6. Gibt es einen „Wunschkollegen", der als Teamwächter fungieren sollte? Wenn ja, wer?

7. Wenn ich Leitsätze für ein Team hätte, welche wären das?

Den Ablauf für das Teamseminar sollten Sie abhängig vom Zeitrahmen festlegen. Erstellen Sie auf jeden Fall nach dem Seminar ein Protokoll, in dem die Essentials und wichtigsten Ergebnisse festgehalten werden. Nach dem Seminar sollte dieses Protokoll mit einem netten Anschreiben oder einer Mail an jeden Teilnehmer geschickt werden, um den guten Teameffekt positiv zu verankern.

Wenn das Seminar ein sehr gutes versöhnliches Ende hat, setzen Sie alles daran, dass dieser Effekt am Leben erhalten bleibt. Bestimmen Sie im Seminar sogenannte Teamwächter, die den Effekt überwachen. Veranstalten Sie regelmäßige Teammeetings. Geeignet für ein gutes Klima sind z. B gemeinsame sportliche oder auch Kochevents, wo es um den Erhalt der Gemeinsamkeit geht.

Kapitel VI: Tipps in eigener Sache – So machen Sie Karriere!

Die optimale Selbstpräsentation

Neben unverzichtbaren Führungskompetenzen ist es ebenfalls wichtig, eine gute Figur bei Vorträgen oder anderen für Sie entscheidenden Anlässen zu machen. Hierzu möchte ich Ihnen einige Tipps geben, damit Sie in der Sekunde, in der es drauf ankommt, „gewinnen". Für den ersten Eindruck gibt es meist keine zweite Chance. Daher finden Sie in diesem Kapitel Hinweise, wie Sie noch selbstsicherer wirken können. Die nachstehenden Einzelschritte kann man innerlich visualisieren und mental wie eine Meditation üben. In Situationen, in denen Sie Kontakte zu wichtigen Gesprächspartnern aufnehmen müssen, können Sie sich zusätzlich positiv ankern, wenn Sie auf Folgendes achten:

- Nehmen Sie eine aufrechte, natürliche Körperhaltung ein.
- Betreten Sie wie ein souveräner Schauspieler die Bühne.
- Seien Sie mutig, neugierig und offen.
- Blicken Sie Ihren Gesprächspartner ruhig an.
- Lächeln Sie angemessen.
- Bewegen Sie sich und atmen Sie langsam.
- Sprechen Sie auf der Ausatmung, tief und ruhig.
- Halten Sie Arme und Beine ruhig und verschränken Sie diese nicht.
- Konzentrieren Sie sich voll und ganz auf Ihr Gegenüber.

Auftritt und Wirkung

Wenn Sie demnächst einen Vortrag oder ein wichtiges Meeting haben, bereiten Sie sich gezielt auf diesen Anlass vor. Als Einstieg bereiten Sie eine professionelle, nicht zu weitschweifende Selbstpräsentation Ihrer Person vor. Ihre Selbstpräsentation sollte Ihren Namen, Ihre Aufgabe und eine Beschreibung von Ihnen als Mensch in einer kurzen sympathischen Form umfassen. Bei der Gestaltung eines Vortrags berücksichtigen Sie, dass es gut ist,

- auditiv zu sprechen, sowie
- aussagefähige Bilder und
- emotionale Elemente

zu verwenden. Die näheren Informationen zu den Techniken VAKOG/Heimatgebiete/magische Worte haben Sie in den vorangegangenen Kapiteln ja bereits kennengelernt.

Speziell wenn Sie dazu neigen, vor solchen Momenten nervös und aufgeregt zu sein: Nehmen Sie sich Zeit! Die Welt dreht sich weiter. Bereiten Sie die Themen und Inhalte fachlich gesehen sorgfältig vor und bitten Sie einen Vertrauten um Unterstützung sowie Feedback. Erarbeiten Sie die Inhalte und überlegen Sie, welche zusätzlichen Medien Sie für einen Vortrag oder das noch zu planende Meeting bzw. Gespräch benötigen. Üben Sie vorher alles genau durch, damit Sie sich in jedem Falle fachlich und emotional sicher fühlen. Ihr mögliches Lampenfieber wird dann gar nicht erst aufkommen.

© istock.com

Der optimale Dresscode für Damen und Herren

Neben der Sozial- und Fachkompetenz ist ein angemessenes und gepflegtes Äußeres ausschlaggebend. Schon das bekannte Sprichwort „Kleider machen Leute!" beschreibt, worauf man im heutigen Business achten sollte. In diesem Kapitel möchte ich weiblichen und männlichen Führungskräften entsprechende Tipps geben.

Das äußere Erscheinungsbild in Verbindung mit guten Höflichkeitsritualen ist bei dem Umgang mit ranghöheren Personen für den Erfolg wichtig. Wenn man mit bestimmten Geschäftsleuten „Geschäfte" machen möchte, sollte man sich auf deren Gepflogenheiten, Dresscodes und Rituale einstellen.

Hier meine Tipps für weibliche Führungskräfte

- Blaues, graues, braunes oder beiges gut geschnittenes Kostüm bzw. entsprechender Hosenanzug
- Bluse/Shirt oder Rolli
- Dezenten Schmuck
- Nylonstrümpfe
- Gepflegte Pumps (keine modischen Highheels!)
- Fallweise auch gepflegter Freizeitstil/Casual
- Dezentes Make-up und Parfum
- Gepflegte Frisur und Hände
- Aktentasche für die Unterlagen, schöne Stifte
- Schöne Handtasche
- Laptop, Beamer in passendem Aktenkoffer

© fotolia.de

© fotolia.de

Hier meine Tipps für männliche Führungskräfte

- Blauer, grauer, brauner oder beiger Anzug bzw. gute Kombination
- Weißes oder dezent farbiges Hemd
- Passende Krawatte, die gut gebunden ist
- Dunkle dünne Socken
- Gepflegte dunkle Schuhe (keine hellen Schuhe)
- Fallweise auch gepflegter Freizeitstil/Casual
- Dezentes Parfum
- Gepflegte Frisur und Hände
- Aktentasche für die Unterlagen
- Schöne Stifte
- Laptop, Beamer in passendem Aktenkoffer

Die Berücksichtigung dieser Vorschläge wird dazu führen, dass Sie einen guten bleibenden Eindruck hinterlassen. Man soll sich positiv an Sie, Ihren Vortrag/Auftritt und Ihre Person erinnern. Es gibt nur eine Chance für den ersten Eindruck. Denken Sie daran und beherzigen Sie die Tipps.

Weitere Tipps

Vermeiden Sie generell in der Woche Knoblauch, Gewürze und Alkohol, die Ihren Atem negativ beeinflussen. Rauchen Sie nicht vor wichtigen Geschäftsterminen. Die Nichtraucher nehmen immer mehr zu, daher könnte es Ihre Wirkung schmälern, wenn Sie nach Rauch riechen. Männlichen Führungskräften empfehle ich im Umgang mit weiblichen Gästen, sich von ihrer charmanten und höflichen Seite zu zeigen. Achten Sie generell auf gute Höflichkeitsrituale! Weiblichen Führungskräften empfehle ich, natürlich und dabei angemessen selbstbewusst zu agieren. Emanzipation ist gut, zu viel davon schadet eher. Haben Sie vor allen Dingen als berufstätige Mutter und Führungskraft keinerlei Scheu, Ihren Weg zu gehen. Ich selbst freue mich jedes Mal, wenn ich eine selbstbewusste Managerin erlebe, die erfolgreich ist. Wenn Sie wichtige Geschäftsessen haben, denken Sie bewusst an gute, gepflegte Umgangsformen bei Tisch. So lächerlich es klingen mag: Achten Sie auf Ihre aufrechte Haltung, sitzen Sie gerade und führen Sie nicht den Mund zum Löffel, sondern umgekehrt! Legen Sie nie den linken Arm angewinkelt auf den Tisch. Sie glauben gar nicht, wie oft ich das bei Geschäftsessen schon erlebt habe. Schlechte Essmanieren bedeuten relativ schnell das Karriere-Aus und sind ein echtes „No-Go“! Ihr Gegenüber wird Ihnen das sicherlich nicht sagen, sondern innerlich das Entsprechende denken. Davor möchte ich Sie bewahren.

Kleiner Tipp an weibliche Führungskräfte hierzu noch am Rande:

Sorgen Sie für ein gutes Gleichgewicht in Familie und Beruf und bleiben Sie bei sich. Ich selbst kann Ihnen an dieser Stelle nur den Rat geben, sich nie zu sehr auf Ihren Lebenspartner oder Ehemann zu verlassen. Ich habe das selbst sehr leidvoll erlebt, als mein Mann verstarb. Ihm war es immer wichtig, dass ich beruflich unabhängig bin und mich weiterbilde. Das kann ich nur jeder Frau und Kollegin empfehlen. Durch kontinuierliche Selbstentwicklung war ich in der Lage, die Geschäfte und meinen Beruf als Coach trotz zweier Kinder fortzuführen und für den Unterhalt meiner Familie zu sorgen. Meinen beiden inzwischen erwachsenen Kindern hat dies nicht geschadet. Sie sind in ihren Berufen erfolgreich und haben eine sehr gute, harmonische und vertrauensvolle Basis. Und sie sind stolz auf ihre berufstätige Mutter.

Wenn Ihnen also die berufliche Karriere wichtig ist, gehen Sie ihren Weg, organisieren Sie dabei alles so, dass es gut läuft. Vor allem haben Sie kein schlechtes Gewissen. Organisieren Sie die Zeit mit Ihren Kindern so, dass Sie dann, wenn Sie zusammen sind, es wirklich genießen können.

Entspannungstipps

Es ist soweit: Gleich halten Sie Ihren Vortrag oder das entscheidende Gespräch, Meeting bzw. Geschäftsessen beginnt. Falls Sie unter starkem Lampenfieber leiden, versuchen Sie es so zu deuten, als hätten Sie gleich ein Rendezvous. Begrüßen Sie das Kribbeln im Bauch und machen Sie sich nicht verrückt! Sie sind als Mensch sehr wertvoll, unabhängig von der Leistung, die Sie gleich bringen und dem Feedback, das Sie erhalten werden. Außerdem werden Ihre Zuhörer sich nicht total auf Sie fokussieren, denn sie denken gerade selbst an viele andere Themen, daher ist alles halb so wild. Begrüßen Sie das Lampenfieber als guten Freund, der Ihre volle Aufmerksamkeit bewirken will. Und das ist eine gute Energie für Sie. Erscheinen Sie auf jeden Fall rechtzeitig, damit Sie sich noch vorher entspannen können. Lassen Sie Ihre Gesprächspartner niemals warten.

Zu diesen Tipps gibt es verschiedene Übungen, mit denen Sie sich beruhigen können. Bevor Sie den Vortrags-, Veranstaltungs- oder Meeting-Raum bzw. das Restaurant betreten, machen Sie die nachstehende Atemübung und gedankliche Suggestion. Dies wird dazu führen, dass Sie ruhiger und gelassener werden. Sie können diese gut in Ihrem Arbeitszimmer oder an jedem anderen ungestörten Ort, z. B. einem WC, durchführen.

Entspannungsübungen

Atmen Sie tief ein und atmen Sie doppelt so lange aus. Machen Sie danach eine kleine Atempause. Wenn möglich suchen Sie sich entweder eine gute Sitzposition oder machen Sie diese Übung im entspannten Stehen. Das machen Sie so lange, bis Sie innerlich ruhiger werden. Bewegen Sie sich bewusst in allem langsamer, damit Sie „ankommen"! Das gilt auch für den Anfang des Vortrags, Meetings oder Gesprächs, z. B. mit einem besonders wichtigen Kunden oder Vorgesetzten. Sprechen Sie ruhig, gelassen und langsam, das wird Sie beruhigen.

Trinken Sie genügend Wasser, damit Sie keinen trockenen Mund haben und denken Sie daran: „Egal was passiert, die Erde dreht sich weiter!" Bleiben Sie bei sich, denken Sie daran, Sie sind ein wertvoller Mensch, der unabhängig von der Leistung und dem, was gleich kommt, viel in seinem Leben geleistet hat. Denken Sie jetzt an eine Situation, in der Sie sich besonders entspannt und wohl gefühlt haben und halten Sie einen Moment inne. Visualisieren Sie „SICH", wie Sie erfolgreich und souverän die eine oder andere Situation in Ihrem Privat- oder Geschäftsleben gemeistert haben.
Zählen Sie jetzt laut oder innerlich „vier, drei, zwei, eins" und sagen Sie innerlich mehrfach das Wort „RUHE" auf der Ausatmung. Atmen Sie ein und doppelt so lange aus. Danach machen Sie jeweils eine kleine Atempause und sagen innerlich: „RUHE, RUHE, RUHE!"
Wenn Sie merken, dass negative Gedanken Besitz von Ihnen ergreifen, denken oder sagen Sie zusätzlich laut oder innerlich ganz einfach: „STOP!"

Führungskräfte, die unter besonders starken Sprechängsten leiden, sollten überlegen, eine entsprechende Verhaltenstherapie zu machen. Die Sprechängste sind häufig in frühester Kindheit entstanden und wurden somit ungefiltert verankert. Sie können diese durch regelmäßiges Coaching und Training ausmerzen.
Sie sind mit diesem Thema nicht allein, viele Führungskräfte, die ich kenne, leiden darunter. Aus meiner Erfahrung als Führungskraft und Coach kann ich nur empfehlen, genau das anzusteuern, wovor Sie den meisten Respekt haben – immer wieder, bis die Angst nachlässt. Meist sind es nur die Gedanken, die ängstigen und diese können wir durch Übung bezähmen, das weiß ich aus eigener Erfahrung.

Gedankliche Suggestionen

Die nachstehend von mir entwickelten Suggestionen können Ihnen ebenfalls helfen, sich zukünftig noch besser auf wichtige Anlässe vorzubereiten. Ich selbst habe sie in meiner Ausbildung zum Autogenen Trainer entwickelt. Je öfter Sie die nachstehenden Suggestionen üben, umso schneller wird Ihre Angst verschwinden. Ich kenne das selbst aus meiner beruflichen Anfangszeit. Übung macht den Meister, genau das ist es!

Übung: Suggestionen

Meine Gesichtszüge sind locker und entspannt.
Alles ist locker und gelöst.
Meine Zunge liegt locker im Gaumen.
Der Mund ist eventuell leicht geöffnet.
Ich bin ganz ruhig, ich bin ganz ruhig.
Meine Schultern sind locker und entspannt.
Alles ist locker und gelöst.
Ich kann meine Schultern fallen lassen.
Ich bin ganz ruhig, ich bin ganz ruhig.
Ich akzeptiere mich so, wie ich bin.
Meine Gedanken sind frei und leicht.
Alles ist gut, ich vertraue mir und meinen Ressourcen.
Im Umgang mit anderen bin ich souverän und selbstbewusst.
Auch wenn ich (sehr) aufgeregt bin, akzeptiere ich mich so, wie ich bin.
Ich akzeptiere mich so, wie ich bin und werde es schaffen!
Egal, was andere über mich denken, ich bin wunderbar!

Üben Sie diese magischen Sätze, wann immer Sie Zeit finden. Kopieren Sie diese und nehmen Sie sie auf einem kleinen Zettel in Ihrem Notizbuch oder Portemonnaie mit.

Optimismus und Glaube an sich selbst

Lassen Sie sich bei für Sie wichtigen Vorhaben nicht von anderen „wohlmeinenden“ Negativlern herunterziehen. Ziehen Sie Ihre Vorhaben durch, was auch immer das ist. Vor allem glauben Sie an sich selbst!
Jeder von uns hat gewisse Erziehungsbotschaften verinnerlicht. Abhängig vom Elternhaus haben wir selbstbewusste oder lageorientierte Eltern gehabt, die uns mit ihren positiven oder negativen Gedanken beeinflusst haben. Je nach Ausprägung (positiv oder negativ) sind diese im Erwachsenenalter sehr mächtig.
Diese Prägung beeinflusst unsere Lage- oder Zielorientierung und unser ganzes Leben! Vermeiden Sie diese negativen Energiefresser, sondern glauben Sie an sich. Lassen Sie sich von niemandem entmutigen, speziell, wenn Sie neue Herausforderungen vor sich haben.

In dem Buch von Matthias Herzog „Spitze sein, wenn's drauf ankommt“ werden sehr gute Strategien empfohlen, die helfen, die eigenen Ängste zu besiegen. Dieses Buch kann ich jedem empfehlen, der seinem Leben eine in jeder Hinsicht positive Wende geben möchte. Ich kenne Matthias Herzog aufgrund einer gemeinsamen Ausbildung und schätze ihn als Motivator und Coach. In seinem Buch habe ich eine Übung entdeckt, die mir in dem Zusammenhang mit Optimismus und Glauben an sich selbst ganz besonders gut gefallen hat. Diese Übung wird „Wasserhahnübung“ genannt und ist eine Visualisierungsübung, die zum Ziel hat, alles gedanklich Negative aus dem Körper zu verbannen. Negative Sichtweisen und verinnerlichte defizitäre Verhaltensmuster sind häufig sehr mächtig und behindern uns in unserem Leben. Daher empfehle ich jedem, diese so schnell wie möglich durch positive Denkstrukturen zu ersetzen und die nachstehend beschriebene Übung immer dann anzuwenden, wenn Ängste oder negative Gedanken sich ausbreiten wollen. Ziel dieser Übung ist es, sich von allem gedanklichen Ballast zu befreien, an sich zu glauben und persönliche Vorhaben durchzuziehen. Speziell dann, wenn es um die „Wurst geht“, kann diese Übung helfen.

Übung: Gedankenhygiene mit der Wasserhahnübung

Um die Übung durchzuführen, nehmen Sie sich bitte Zeit und suchen Sie sich einen ruhigen Platz, wo Sie diese Übung ungestört durchführen können. Schließen Sie jetzt Ihre Augen und stellen Sie sich vor, Ihre Energiefresser – negative Situationen und Gedanken, die Ihnen Ihre ganze Energie rauben – liegen in Ihrem Körper als eine dunkelbraune, stinkende, klebrige Flüssigkeit. Diese Flüssigkeit hat sich in Ihrem ganzen Körper verteilt – vom Kopf bis zu den Füßen!

Stellen Sie sich jetzt vor, Sie haben rechts auf Knöchelhöhe einen Wasserhahn. Den drehen Sie jetzt auf. Schon fließt diese braune Flüssigkeit aus Ihrem kompletten Körper heraus. Sie spüren, wie Sie sich immer befreiter fühlen. Wenn der gesamte Körper endlich von dieser Flüssigkeit befreit ist, drehen Sie den Wasserhahn wieder zu.

Um Ihren Körper positiv zu füllen, stellen Sie sich jetzt vor, dass Sie die Sonnenenergie nutzen. Nutzen Sie die Strahlen der Sonne, um Ihren Körper wieder kraftvoll aufzuladen. Die Strahlen der Sonne dringen in Ihren Körper ein, laden Sie energetisch und positiv auf.

Sie spüren sich kraftvoll, optimistisch und glücklich!

(Diese Übung sollten Sie immer wieder praktizieren, bis Sie spüren, dass die negativen Gedanken für immer verschwunden sind.)

Kapitel VII: Richtiger Umgang mit Vorgesetzten

Der Elevator Pitch

Sofern es für Sie wichtig ist, in der Karriereleiter aufzusteigen, benötigen Sie Führungskompetenz, Selbstbewusstsein und einen souveränen Auftritt, aber auch die Fähigkeit, einen guten Kontakt zu den Karriereentscheidern herzustellen. Für das eigene Fortkommen in einem Unternehmen ist es wichtig, selbst als „Coach" zu fungieren. Personalentscheidungen sind manchmal merkwürdig, dennoch ist es für das eigene „Überleben" und Fortkommen entscheidend, mit den jeweiligen Vorgesetzten gut auszukommen.

Nachstehend möchte ich Ihnen einige Tipps geben, wie Sie mit den unterschiedlichen Vorgesetzen und deren Mentalität geschickt umgehen können. Achten Sie in jedem Fall darauf, dass Sie immer Sie selbst bleiben und sich nicht dabei verbiegen. Entscheidend für das eigene Fortkommen ist die Authentizität. Wir können nämlich *nicht* nicht kommunizieren. Wenn Sie schauspielern und sich verbiegen, spürt dies das Unterbewusstsein Ihres Gesprächspartners.

Die nachstehenden Seiten können Ihnen helfen, egal in welcher Situation Sie sind, jederzeit souverän und imagewirksam zu agieren. Entscheidend ist, dass Sie die folgenden Inhalte üben. Neben Ihrer Führungsaufgabe ist Ihre eigene Karriereentwicklung von Situationen abhängig, in denen Sie genau in der Sekunde, wo es darauf ankommt, Präsenz zeigen müssen.

Neulich hörte ich in diesem Zusammenhang den Begriff des „Elevator Pitchings". Stellen Sie sich vor, Sie stehen in Ihrer Firma vor dem Fahrstuhl, Sie drücken den Knopf, der Fahrstuhl hält, Sie gehen hinein und sehen Ihren Vertriebsvorstand. In diesem Augenblick sind Sie „on Stage"! Wenn Sie in der Lage sind, diese Situation authentisch, charmant und souverän zu meistern, wird der Vorstand Sie positiv in Erinnerung halten. Der Begriff Elevator (Fahrstuhl) – Pitch (Verkaufsgespräch) kommt aus dem Amerikanischen. Man nutzt sozusagen die Fahrstuhlfahrt, z. B. mit dem Topentscheider, um ein Anliegen wirksam vorzutragen.

© fotolia.de

Ich selbst habe durch eine solche Fahrstuhlfahrt ein sehr interessantes Coaching-Projekt erhalten. Ich hatte mehrfach versucht, einen Termin mit dem Vertriebsvorstand einer großen Versicherung zu bekommen. Meine Ansprechpartner waren seine Führungskräfte, die die Projekte nicht selbst entscheiden konnten. Die Verhandlungen zogen sich hin. Eines Tages stand ich in diesem Unternehmen vor dem Fahrstuhl und wollte in die 4. Etage, der Fahrstuhl hielt aber in der 7. Etage. Die Tür ging auf und ein sehr sympathischer, gut aussehender Manager trat ein. Wir waren allein. Er fragte mich, wer ich denn sei und wie mein Parfum hieße, das fände er sehr schön! Ich sagte meinen Namen und lächelte und fragte im Gegenzug, wer er denn sei. Wer, glauben Sie, war er? Er war tatsächlich der Vertriebsvorstand, mit dem ich schon so lange versucht hatte, in Kontakt zu kommen. Ich atmete tief durch und sagte, dass ich sehr glücklich über diesen Moment sei. Ihn wollte ich schon immer kennenlernen. Der Aufzug fuhr nach unten, ich fuhr mit. Wir stiegen aus, er gab mir seine Visitenkarte und bot mir an, ihn am nächsten Tag anzurufen, um einen Termin zu machen. Am nächsten Tag rief ich ihn an, wir vereinbarten einen erneuten Termin und ich bekam einen sehr lukrativen und besonderen Auftrag. Das Ganze verdankte ich „der Sternsekunde“!

Nachstehend erhalten Sie hierzu unterschiedliche Sprachmuster, basierend auf dem Match-Konzept, die Sie richtig geübt in solchen Pitch-Situationen hilfreich anwenden können.

Richtiger Umgang mit dem visuellen Nähe-Manager

Der Umgang mit diesem Vorgesetzten ist relativ einfach. Dieser Typus mag gern Farben, Bilder, Fröhlichkeit, das Lächeln, Humor und die Nähe. Zu den Sprachmustern, die diese Landkarte gern hört, gibt es in Kapitel III zahlreiche Beispiele. Der visuelle Nähe-Manager legt Wert auf Stil, Etikette und eine menschlich angenehme Atmosphäre. Achten Sie deshalb auf den richtigen Dresscode, wenn Sie das Gespräch mit ihm suchen. Er oder sie braucht viel Raum und Wertschätzung. Dezente Komplimente können hier wahre Wunder wirken. Aber übertreiben Sie nicht, er oder sie könnte es merken.

Dieser Manager-Typus redet gern und viel. Manchmal verliert er oder sie dabei den roten Faden und springt von einem Thema zum anderen. Verlieren Sie daher Ihr Ziel nicht aus den Augen, insbesondere dann, wenn Sie eine Gehaltserhöhung oder eine Karriereentwicklung ansprechen möchten.

Spiegeln Sie die Körpersprache und nehmen Sie eine ähnliche Sitzhaltung ein.

Achten Sie darauf, dass Sie im Kontakt sind. Seien Sie in allem umsichtig und dezent.

Wenn Sie häufig bei Ihren Ausführungen unterbrochen werden, holen Sie sich an der richtigen Stelle Ihr Rederecht zurück. Setzen Sie sich aufrecht hin und sagen Sie freundlich, aber klar: „Verzeihen Sie bitte, gern würde ich meinen Satz zu Ende bringen"; „Sorry, ich war noch nicht an meinem Ziel. Es wäre lieb, wenn Sie mich ausreden lassen!" Bringen Sie Ihr Thema auf den Punkt, kurz, knapp und einleuchtend rüber. Begeistern Sie Ihren Vorgesetzten von Ihren kreativen Fähigkeiten und mit einem guten Maß an „bunter" Information. Ein Bild, eine Visualisierung des Besprochenen kann Ihnen helfen, Ihr Gesprächsziel zu erreichen.
Achten Sie während des gesamten Gesprächs darauf, dass Sie eine gute Körperhaltung haben und „im Kontakt" mit dem Anderen sind. Hören Sie aktiv zu, lassen Sie den Anderen ausreden, sich aber nicht überrollen. Sorgen Sie dafür, dass Sie als souveräner, erfolgreicher und kompetenter Mitarbeiter und Manager „gesehen" werden.

Richtiger Umgang mit dem auditiven Distanz-Manager

Der Umgang mit diesem Vorgesetzten ist eine echte Herausforderung. Man braucht viel Selbstbewusstsein, um mit diesem Vorgesetzten klarzukommen. Achten Sie bei der Wahl Ihres Dresscodes ganz genau darauf, welchen Kleidungsstil er oder sie bevorzugt. Seien Sie in allem hochgradig aufmerksam und bereiten Sie sich gut vor. Kommen Sie ihm oder ihr nie körperlich zu nah. Er kommt, wenn er es will und zwar von allein.
Auditive Distanz-Manager lieben die Einsamkeit. Wenn sie kommunizieren müssen, sind sie harte Nüsse, ihre Sprache ist kühl, ihre Kommunikation nicht selten uncharmant bis verletzend. Dieser Managertypus empfindet wenig für andere und sieht nur sich selbst. Gefühle und Emotionen mag er nicht, ihm geht es nur um die Sache! Dem auditiven Distanz-Manager ist es relativ egal, wie es dem Gesprächspartner geht. Häufig hat er oder sie ein starkes Status-/Machtverhalten und delegiert auf die Untergebenen.

Distanzmanager lieben es manchmal, Menschen rhetorisch in die Enge und kommunikative Spiele zu treiben. Speziell dann, wenn sie wissen, dass echte

Abhängigkeiten vorhanden sind. Daher ziehen Sie sich warm an und bereiten sich mental und inhaltlich gut vor. Bleiben Sie vor allem eines: „Kühl im Kopf und heiß im Herzen!" Der auditive Distanz-Manager braucht in jedem Fall einen starken Gesprächspartner. Das beindruckt ihn geradezu, da er Schwäche bei sich und anderen überhaupt nicht akzeptiert. Reden Sie mit ihm nie über persönliche Probleme.

Wenn Sie also den nächsten Karrieresprung oder die Gehaltserhöhung ansprechen wollen, überlegen Sie sich vor dem Gespräch, was er oder sie dagegen sagen könnte. Simulieren Sie mögliche Antworten und trainieren Sie den Umgang mit diesen. Wenn Sie Ihr Anliegen vortragen, lassen Sie kommunikativen und farblichen Schnickschnack bitte weg. Bilden Sie kurze, knappe Sätze und achten Sie darauf: In der Kürze liegt die Würze! Achten Sie auf Ihre Atmung, sagen Sie sich innerlich „Ruhe" und bleiben Sie vor allem eines: Selbstbewusst und gelassen! Nehmen Sie in dem Gespräch eine aufrechte Körperhaltung ein, blicken Sie Ihren Gesprächspartner an. Achten Sie dabei aber bitte darauf, dass Sie ihn nicht anstarren, das könnte ihn reizen.

Auch dieser Managertypus braucht viel Aufwertung, verwenden Sie hierzu die Sprachmuster in Kapitel III. Wenn er Sie unterbricht, sagen Sie: „Gestatten Sie, ich würde meinen Gedanken gern zu Ende bringen!"

Wenn er oder sie von Ihnen Dinge verlangt, die Sie nicht akzeptieren, sagen Sie „Nein!". Ihre Akzeptanz wird um jedes Nein steigen, denn Ja-Sager hat er genug in seiner Umgebung. Er legt hohen Wert auf Sachlichkeit, daher bringen Sie gute Argumente für Ihre Neins und zeigen Sie ihm die gesunde Grenze. Verbiegen Sie sich auf keinen Fall, denn dann haben Sie verloren. Selbst wenn Ihnen für ein „Nein" Konsequenzen angedroht werden, bleiben Sie dabei. Ihre Akzeptanz wird automatisch steigen. Denn genau das ist das Spiel.

Richtiger Umgang mit dem Dauer-Manager

Dauer-Manager lieben vor allem das Bewährte, die Tradition, Sicherheit, Sparsamkeit, Zuverlässigkeit und die Ordnung, nach dem Motto: „Das haben wir schon immer so gemacht, so sollten wir es auch zukünftig halten!"
Veränderungen im Unternehmen, Umstrukturierungen oder auch personelle Rotationen sind ihm oder ihr ein Gräuel. Wenn Sie also ein wichtiges Anliegen wie z. B. einen Karrieresprung oder eine Gehaltserhöhung ansprechen wollen, müssen Sie sich gut vorbereiten. Häufig braucht man Geduld und gute Argumente, um einen solchen Manager zu einer Entscheidung zu bringen. Denn das ist es, was er oder sie überhaupt nicht gern mag. Auch wenn er oder sie negative Strömungen bei Mitarbeitern erkennt, werden einmal gefällte Entscheidungen ungern rückgängig gemacht. Dies würde ja bedeuten, dass man einen Fehler gemacht hätte. Und dies gesteht dieser Managertypus sich selbst ungern ein.
Dauermanager leben in einer eingespielten Komfortzone, aus der sie ungern herausgehen. Modernität und Innovation sind häufig Fremdworte, die sie nicht verstehen möchten. In Extremfällen haben sie zwanghafte Züge und erfordern von Mitarbeitern und dem Unternehmen viel Toleranz. Ihr Erscheinungsbild ist häufig konservativ: die Mode, die sie tragen, kommt mehrfach in Mode – meist sind sie die „Ersten", die sie haben. Daher stellen Sie sich auf diesen Typus gut ein und gehen Sie behutsam mit dieser Landkarte um. Kleiden Sie sich eher konservativ. Hilfreich ist zusätzlich die Verwendung der magischen Worte, die dieser Vorgesetztentypus gern hört.

Richtiger Umgang mit dem Wechsel-Manager

Wenn Sie einen Vorgesetzten haben, der neue Projekte und den Wandel liebt, versuchen Sie, regelmäßig gute Anregungen zu geben und den Eindruck zu erwecken, dass Sie selbst innovativ und modern eingestellt sind. Sie sollten sich dabei nicht verbiegen, aber für Ihre Karriere kann es hilfreich sein, sich auf diesen Typus durch kreative, ernstzunehmende gute Vorschläge einzustellen. Wechsel-Manager sind schnell gelangweilt, daher sollten Sie positiv und seriös zu seiner Unterhaltung und damit Ihrer Karriereentwicklung beitragen.

Tipp: Aufstieg durch Kontakte – So werden Sie Netzwerker

Um Karriere zu machen, ist es gut, sich sozialen Netzwerken anzuschließen, in dem das gehobene Management Mitglied ist. Investieren Sie in Sozialkontakte und bauen Sie gute Verbindungen auf, denn man weiß ja nie. Wenn Sie sportlich sind, nutzen Sie die Chance, Topentscheidern über bestimmte Sportarten zu begegnen (Golf, Tennis, Hockey, Fußball usw.). Interessieren Sie sich möglichst für gemeinnützige oder kirchliche Netzwerke, denn auch hier finden interessante Begegnungen statt (Lions, Soroptimisten, Rotary usw.).

Seien Sie vor allem kein egoistischer Opportunist. Sie schaffen es niemals allein. In einer Gruppe von interessanten Menschen, die Ihnen wohlgesonnen sind, machen Sie schneller Karriere als Sie es glauben. Häufig sind es dort bestimmte „gute Momente" der Begegnung, die entscheidend sind.

Ich empfehle zusätzlich die Nutzung von modernen seriösen Kontaktportalen, in denen man sich online regelmäßig austauscht. Dies führt häufig zu guten persönlichen Begegnungen, die für die eigene Entwicklung interessant sind. Allerdings seien Sie kritisch in der Bekanntgabe Ihrer Daten.

Kapitel VIII: Leben in Balance

Um die Anforderungen eines erfolgreichen Managers auf Dauer umsetzen zu können, ist es erforderlich, die Bereiche ICH, Familie und Business in Einklang zu bringen. Das ist nicht immer ganz einfach.

Man hat sich einen festen Rahmen an Beziehungen und sozialen Geflechten aufgebaut. Damit gehen finanzielle Verpflichtungen einher, die im Laufe der Zeit meist größer werden. Hierdurch entstehen in gewisser Weise Zwänge, die Betroffene zu Abhängigen machen. Aus diesem Grunde sollten Sie bei allem, was Sie tun, immer abwägen: „Was ist der Preis, den ich dafür zahle? Bin ich z. B. bei allem Denken an meine Karriere glücklich? Wie geht es mir oder meiner Beziehung und Familie dabei?"
Dauerhaft glücklich und erfolgreich ist man nur dann, wenn man in Balance ist. Genau diese gilt es anzustreben. Das Leben ist endlich, darüber sollte man sich immer bewusst sein. Außerdem ist es so, dass sich das Universum weiterdreht, egal, ob ich da bin oder nicht. Die Wichtigkeit der Probleme relativiert sich durch diesen Gedanken schnell.

Mit den nachfolgenden Inhalten möchte ich Sie anregen, über Ihre Balance nachzudenken: Sind Sie zufrieden mit Ihrem Leben? Haben Sie die Dinge erreicht, die Sie erreichen wollten? Karriere und Erfolg sind nicht alles. Sie als Mensch sind wichtig, und für diesen Bereich möchte ich Ihnen Tipps geben, die Ihnen helfen können, eine gute Balance zwischen Privat- und Geschäftsleben aufrechtzuhalten. Das ist gar nicht so schwer.

Richtiger Umgang mit mir selbst

Wenn Sie glücklich und zufrieden sein wollen, fangen Sie zunächst bei sich selbst an. Tun Sie Gutes für sich und Ihre Seele. Legen Sie Ihr möglichst schlechtes Gewissen zur Seite und gönnen Sie sich die Dinge, die Sie schon immer machen wollten. Verbiegen Sie sich nicht, das kostet Sie zu viel negative Energie. Nehmen Sie sich Zeit für sich und Ihre Hobbys oder Interessen, die Sie haben. Tragen Sie Termine mit sich selbst in Ihren Kalender ein, nehmen Sie diese so wichtig wie einen Geschäftstermin. Ernähren Sie sich gesund, fettarm und essen Sie wenig Zucker, viel frisches Obst und Gemüse,

gutes Fleisch, Fisch oder Geflügel. Seien Sie umsichtig mit Genussmitteln wie Kaffee, Tee, Alkohol, Energydrinks und Zigaretten. Trinken Sie mindestens zwei Liter gutes Wasser pro Tag. Treiben Sie mindestens zweimal pro Woche Sport. Lernen Sie auch gezielt zu genießen. Trinken Sie abends als Ritual für sich mit den Menschen, die Sie mögen, einen guten Wein bzw. ein leckeres Bier oder überlegen Sie sich ein tägliches Abend-Belohnungsritual. Tun Sie dann das, was Sie gern mögen.
Ich empfehle Ihnen ferner, eine Art Ich-Tagebuch zu führen. Hier schreiben Sie all die Dinge rein, die Sie bewegen, beschäftigen und vor allem Ihre Träume, Visionen und schönen Ziele. Träume sind wichtig, **Sie sind wichtig**. Tragen Sie dieses Tagebuch immer bei sich, auch wenn Sie auf Reisen sind. Versehen Sie Ihre Einträge mit dem jeweiligen Datum, nutzen Sie verschiedene Farbstifte oder einfache Schreiber und notieren Sie alles, was Ihnen einfällt.

Hedonistisches Kalkül: Das T-Konto

Albert Ellis hat den Begriff des „Hedonisten“ geprägt und empfiehlt, regelmäßig das hedonistische Kalkül durchzuführen. Hedonismus bedeutet an dieser Stelle, einen gesunden Egoismus zu entwickeln und nicht immer nur an andere, sondern vor allem auch an sich zu denken. Ihr Berufsleben erfordert Ihre ganze Kraft, daher sind wohltuende Ruhepausen absolut OK.

Das hedonistische Kalkül ist ein T-Konto. Die Anwendung ist sehr einfach und wird von mir im Coaching sehr oft verwendet. Man zeichnet ein sogenanntes „T-Konto“, das aus zwei Hauptspalten besteht. Die Überschrift links lautet z. B. „Was ist positiv?“, die Überschrift rechts „Was ist negativ?“ Man sammelt für jede Spalte positive bzw. negative Aspekte. Am Ende werden die benannten Punkte verrechnet. Wenn das Negative überwiegt, sollten Sie Ihr Leben in einigen Punkten verändern. Ich habe öfters Burnout-Fälle in unserem Ärzteteam in Wiesbaden gecoacht. Häufig kam hier heraus, dass ein ganz wesentlicher Aspekt das dauerhafte „Verbiegen“ zu Gunsten anderer ist (Ehe, Familie, Vorgesetzter, Kollegen).
Ich empfehle daher, das hedonistische Kalkül sowohl im privaten als auch im geschäftlichen Umfeld regelmäßig durchzuführen.

Hedonistisches Kalkül	
Was läuft derzeit gut?	Was läuft derzeit schlecht?
1. Golf, HCP	1. Ehe
2. Figur	2. Sex
3. Freunde	3. Kinder
4. Gesundheit	4. Verwandtschaft
5. Sportliche Interessen	5. Meine Flexibilität
6. ________	6. ________
7. ________	7. ________
8. ________	8. ________
9. ________	9. ________
Punkte addieren	Punkte addieren
Ergebnis:	Ergebnis:

Schreiben Sie in dieses Kalkül alles hinein, was Sie bewegt. Wenn das Negative überwiegt, rate ich Ihnen, den Dingen ins Auge zu schauen und mögliche Änderungen einzuleiten. Setzen Sie sich durch und entscheiden Sie sich für ein glückliches ICH. Nur dann können Sie gewinnen.

Change it – Schauen Sie dem Problem in die Augen
Leave it – Nur Sie können die Dinge verändern
Love it – Entscheiden Sie sich für ein glückliches Leben

Umgang mit familiären Systemen

Wenn Sie in einer Lebenspartnerschaft oder Ehe mit Kindern leben, achten Sie darauf, dass es notwendig ist, miteinander zu kommunizieren, dabei Regeln aufzustellen und sich gegenseitig wertzuschätzen. Man hat sich zu einem Zeitpunkt der beiderseitigen Verliebtheit füreinander entschieden. Mit der Zeit schleifen sich Prozesse ab, die Anziehungskraft lässt meist nach.

Das, was am Anfang so prickelnd war, wird mit der Zeit langweilig. Und genau hier gilt es aufmerksam zu sein.
Beobachtungen von mir verdeutlichen immer wieder, wie wenig in länger andauernden Beziehungen kommuniziert wird. Nutzen Sie die Informationen dieses Buches, um zu überdenken, welche Aufgabe Sie als mögliche/r Familienmanager/-in, Vater/Mutter, Ehemann/-frau oder Partner/-in haben. In einer guten privaten Beziehung ist es häufig wie im Business. Auch hier gilt es, Konflikte und Probleme zu erkennen und diese zu lösen.
An dieser Stelle möchte ich nochmals an den Match-Test erinnern. Er eignet sich auch sehr gut für private Zwecke.

Wenn Sie als Familienvater bzw. -mutter oder Partner/-in aufmerksam und verwöhnend sind, werden Sie genau diese Energie wieder zurückbekommen. Wenn Sie ein selbstgerechter autoritärer Distanz-Typ sind, werden Sie genau diese Kühle und Ablehnung als Feedback erhalten. Davor möchte ich Sie warnen. Seien Sie im Gegenzug mit Gefühlen und anderen Zuwendungen großzügig und verzeihen Sie Fehler. Reden Sie offen und klar über die Dinge, die Sie stören und sagen dabei, was Ihnen wichtig ist und was genau Sie vom Anderen wollen.

In meinen Coachings habe ich einige Familiensysteme mit dem Match-Test eingeschätzt. Wir haben über die unterschiedlichen Landkarten und Erwartungen gesprochen. Diese neue Kenntnis hat viel dazu beigetragen, mögliche Konflikte zu vermeiden. Meines Erachtens wäre die Scheidungsrate deutlich reduziert, wenn Lebensgemeinschaften viel mehr miteinander reden und ihre Landkarten besser kennen würden. An dieser Stelle möchte ich Sie ermutigen, den Inhalt dieses Buches nicht nur auf Ihren Beruf als Führungskraft zu übertragen, sondern auch ganz gezielt in Ihr privates System zu integrieren.

Sie sind in jedem Fall sowohl beruflich als auch privat ein Vorbild, seien Sie wertschätzend, einfühlsam und geduldig mit den Menschen. Entwickeln Sie sich weiter. Setzen Sie Ziele und verfolgen Sie diese konsequent. Entwickeln Sie Humor und bleiben Sie sich selbst treu. Wenn Sie in Ihrem Leben an Grenzen stoßen, denken Sie daran, dass nur Sie selbst dem Leben eine in jeder Hinsicht gute Wende geben können. Seien Sie Ihres Glückes Schmied!

Anleitung zum Glücklichsein

Zum Schluss möchte ich Ihnen noch meine Anleitung zum Glücklichsein weitergeben. Wenn Sie mögen, können Sie diese gern für sich und andere übernehmen:

Die S. W. B. Matching-Tipps

01. Seien Sie ein ethischer Mensch und ein gutes Vorbild.
02. Lieben Sie sich selbst.
03. Gehen Sie grundsätzlich mit Vertrauen auf Menschen zu.
04. Seien Sie tolerant, Fehler verzeihend und humorvoll.
05. Hören Sie gut zu und wertschätzen Sie Ihr Gegenüber.
06. Wägen Sie sorgfältig ab, ob Sie einen Kontakt weiter pflegen wollen.
07. Sagen Sie das, was Ihnen wichtig ist.
08. Sagen Sie das, was Sie sich vom Anderen wünschen.
09. Stehen Sie zu Ihren Bedürfnissen und Werten.
10. Sagen Sie Ja oder Nein, so wie es für Sie richtig ist.
11. Wählen Sie den für Sie richtigen privaten und beruflichen Kontext.
12. Suchen Sie sich den Beruf, der Ihnen wirklich gefällt.
13. Leben Sie Ihre Träume – trauen Sie sich!
14. Wägen Sie sorgfältig ab, mit wem Sie zusammenarbeiten wollen.
15. Lachen Sie dann, wenn Ihnen danach ist.
16. Verbiegen Sie sich nicht und bleiben Sie bei sich.
17. Zeigen Sie keine Fassade, sondern seien Sie authentisch.
18. Lassen Sie sich keine Schuldgefühle machen.
19. Werden Sie selbstsicher und seien Sie sich Ihres Wertes bewusst.
20. Suchen Sie sich den Lebenspartner, der wirklich zu Ihnen passt.
21. Achten Sie auf gemeinsame Hobbys, Interessen und das Matching.
22. Seien Sie großzügig und liebevoll zu den Menschen, die Sie lieben.
23. Pflegen Sie Netzwerke, Freunde und „sich selbst"!

Schlusswort und Fazit

Sie haben in den acht Kapiteln zahlreiche Anregungen erhalten, die Ihnen helfen können, den Erfolg als Führungskraft „bewusst" zu verbessern. Wichtig ist dabei, dass Sie Ihre eigenen Ressourcen und Fähigkeiten, aber auch Ihre Entwicklungsrichtungen und –potentiale erkennen. Stehen Sie dazu, dass Sie nicht perfekt sind und suchen Sie als Führungskraft das Feedback, um immer besser zu werden. Arbeiten Sie ständig an sich und feilen Sie auch an Ihrer authentischen Außenwirkung einschließlich Ihres Outfits.
Gehen Sie positiv auf Ihre Mitarbeiter zu und führen Sie diese gezielt und konsequent zum Erfolg, indem Sie deren Talente erkennen und coachen. Üben Sie die Landkartensprache und wenden Sie diese wertschätzend und respektvoll an. Der Management-Regelkreis sollte die Basis für Ihre tägliche Arbeit sein. Dieses pragmatische Modell hilft Ihnen, Ihre Ziele zu formulieren, zu planen und über die motivierten und einbezogenen Mitarbeiter zu realisieren. Beziehen Sie zur Motivationssteigerung die Ideen und Vorschläge Ihrer Mitarbeiter weitgehend mit ein und würdigen Sie deren Engagement mit einem regelmäßigen Dank. Seien Sie ein offener, souveräner und humorvoller Vorgesetzter, den man akzeptiert, wertschätzt und respektiert.
Führen Sie dabei aber konsequent und verbindlich und verlangen Sie Leistung. Seien Sie bei guten Ergebnissen großzügig und schaffen Sie Anreizsysteme. Hierzu ist es wichtig, regelmäßig die Ergebnisse zu kontrollieren und wichtige Feedback-Schnittstellen mit einzubinden. Vermeiden Sie manipulative Machtinstrumente, sondern führen Sie Ihre Teams vorbildlich und motivationswirksam. Hier unterstützt Sie das VAKOG- sowie das Riemann-Thomann-Modell: beides führt integriert in Ihre tägliche Sprache zur Motivation von Ihren Mitarbeitern. Üben Sie immer wieder mit dem Gesprächsleitfaden und achten Sie bei Ihren Gesprächen auf die fünf Phasen. Ideal als Führungskraft im Team ist eine gute Mischung aus „Vorgesetztem Moderator" und „Zielorientiertem Motivator". Um ein Team dauerhaft erfolgreich zu machen, benötigen Sie weltoffene Kontakter, kreative Ideengeber, hilfsbereite Teambuilder, pragmatische Mitarbeiter, aber auch kritische Controller. Es „matcht" ideal, wenn Sie Ihr Team so zusammensetzen.

Denken Sie bei allem auch an Ihre eigene Karriere und Ihr Fortkommen. Trainieren Sie die dafür notwendigen Skills und seien Sie ein geschickter Stratege im Umgang mit Ihren eigenen Vorgesetzten. Ob Elevator Pitch,

Vortrag, wichtiges Meeting oder Geschäftsessen, bleiben Sie aber immer „Sie selbst"! Üben Sie eine charmante Schlagfertigkeit, die Sie in „magischen Momenten" ganz einfach weiterbringt.

Nehmen Sie sich ferner Auszeiten für regelmäßigen Sport, Entspannung und Ihre Lieben, denn ein gutes familiäres oder Freundessystem gibt viel Kraft für den Beruf. Daher ist es wichtig, Freundschaften, Ihre Familie und sich selbst zu pflegen. Achten Sie auf Ihre Balance!

Ich hoffe sehr, dass ich Ihnen mit meinem Buch Anregungen für Sie selbst, Ihren Führungs- und privaten Alltag geben konnte. Mein Tipp: Bleiben Sie dauerhaft dran, arbeiten Sie an sich und Ihren Ressourcen. Ihr berufliches und privates Team wird es Ihnen danken.
Werden Sie ein „Matcher" und seien Sie bei allem ein gutes Vorbild. Ich drücke Ihnen die Daumen für Ihren Weg!

Ihre

Susanne Wagner-Breukel

Coaching & Training

Literaturverzeichnis

Melanie Mühl: Die Patchwork Lüge. Hanser Verlag, 2011

Matthias Herzog: Spitze sein, wenn's drauf ankommt. Haufe Verlag, 2010

Prof. Wolf-Dieter Gerber: Hörbuch Golf, Lust statt Frust beim Spiel. Audio CD, 2010

Paul Watzlawick: Anleitung zum Unglücklich Sein. Piper Verlag, 2009

Barbara Berckhan: Einfach Selbstsicher. GU Verlag, 2009

Fritz Riemann Grundformen der Angst. Reinhardt Verlag, 2009

Robert und Gabriele Rother:
Klopf-Akupressur – Schnelle Selbsthilfe mit EFT. GU Verlag 2007

Michael Weger: Gefühle zeigen und gewinnen. NP Verlag, 2007

Hans Morschitzky: Die Angst zu versagen und wie man sie besiegt. Patmos Verlag, 2006

Jens Corssen: Der Selbstentwickler. Beust /Marix Verlag, 2004

Dieter Schwartz; Vernunft und Emotion – Die Ellis Methode. Borgmann Verlag, 2004

Friedemann Schulz von Thun: Miteinander R E D E N,
Band 1, 2 und 3. RoRoRo Verlag, 2003

Thomas Rückerl: NLP in Action. Junfermann Verlag, 2001

Thomas Rückerl: Sinnliche Intelligenz. Junfermann Verlag 1999

Thomas Rückerl: NLP in Stichworten. Junfermann Verlag, 1996

Susann R. Walen/Raymund Di Giuseppe/Richard L. Wessler:
RET-Training Einführung in die Praxis der rational emotiven Therapie.
Verlag Pfeiffer München, 1982

Die Autorin

Susanne Wagner-Breukel studierte nach dem Abitur in Köln an der Pädagogischen Hochschule in Freiburg im Breisgau die Fächerkombination Sport, Deutsch, Psychologie und Pädagogik. Nach dem erfolgreichen Examensabschluss ging sie nach München, arbeitete dort zunächst viele Jahre im Vertrieb und machte sich 1983 als Unternehmensberaterin in einem Psychologenteam selbständig. Der Fokus ihrer Tätigkeit waren die Bereiche Auswahldiagnostik, Konzeption von Assessment-Centern und Potenzialeinschätzungsverfahren. Ihre Erfahrung als Führungskraft in der Wirtschaft half dabei, die Verfahren möglichst praxisnah und leicht verständlich für die Anwender zu gestalten. Sie absolvierte zahlreiche Fortbildungen in den Bereichen Eignungsdiagnostik, Coaching und Training und entwickelte gemeinsam mit Prof. Dr. Reimer Eggers und Kollegen den Match-Test sowie das darauf abgestimmte Matching-Konzept. Schwerpunktmäßig arbeitet sie als Business Coach für große deutsche Handelsunternehmen und Firmen aus der Pharma-, Biotec- und Finanzdienstleistungsbranche. Sie lebt und arbeitet in Wiesbaden für Match-Therapy, Institut für ganzheitliche Balance und Coaching unter der Leitung von Dr. med. Manfred Wobig, Facharzt für Orthopädie und Sportmedizin. Sie begleitet dort u. a. Burnout Patienten und coacht Führungskräfte aus der Deutschen Wirtschaft.

Susanne Wagner-Breukel
März 2012

Fon: +49-611-9744782
Fax: +49-611-9744784
info@match-therapy.de
www.match-therapy.de